SPORTSCAR PROFILE SERIES ⑥

マートラ

MS620/MS630/MS650
MS660/MS670/MS680

アルピーヌ

M63/M64/M65
A210/A220

檜垣和夫

二玄社

SPORTSCAR PROFILE SERIES 6

マートラ

MS620/MS630/MS650
MS660/MS670/MS680

アルピーヌ

M63/M64/M65
A210/A220

目次

スポーツカー・プロファイル・シリーズ⑥
マートラ　MS620／MS630／MS650／MS660／MS670／MS680
アルピーヌ　M63／M64／M65／A210／A220

まえがき　7

マートラ

第1章　**V12エンジン以前　1966～1967年**　9
MS620　12
MS630　20

カラー口絵　25

第2章　**V12エンジン時代（前期）　1968～1971年**　33
MS630M　34
MS650　40
MS660　52

カラー口絵　65

第3章　**V12エンジン時代（後期）　1972～1974年**　81
MS670／MS670B　82
MS670C／MS680B　110

アルピーヌ

カラー口絵　129

第4章　**小排気量クラスの雄からの脱却を目指して　1963～1969年**　139
M63　140
M64　144
M65　147
A210　150
A220　156

マートラ／アルピーヌ戦績表　167
マートラ／アルピーヌ主要諸元　170
あとがき　173

【写真クレジット凡例】
EdF＝Eric della Faille/CG Library
BC＝Bernard Cahier
PP＝David Phipps/CG Library
JPC＝Jean-Paul Caron
PB＝Pete Bero
DPPI-Max Press＝DPPI（Max Press管理分）
Y.Shimizu＝清水勇治
無印＝メーカー提供写真またはCG撮影分

まえがき

スポーツカープロファイルの単行本化もついに６冊目である。最初のポルシェ篇を出した時には、はたしてどれだけ続けられるか半信半疑の思いであったが、何と６冊とは……。ここまで何とか続けて来られたのも、ひとえに読者諸氏の支援のおかげと厚く感謝する次第である。

さて、プリンス／日産という国産マシーンが間に挟まったが、今回は再び海外のマシーンに目を向けることにした。これまでの４車種、つまりポルシェ、フォード、フェラーリ、シャパラルという顔ぶれから考えれば、次に何が来そうかは、この時代のスポーツカーレースに多少なりとも関心のある方なら、おおよそ察しがついたことだろう。そう、今回選んだのは、1960年代中盤から70年代前半にかけて活躍したフランス製マシーン、マートラとアルピーヌである。

実は、最初に候補として挙がったのは、マートラとアルファ・ロメオであった。この２つについては、単行本化が始まってすぐの頃から、取り上げて欲しいというリクエストが多く寄せられ、また筆者自身も好きな車種だったので、もっと早い時期に取り上げるつもりでいた。ただ、最初に述べたように、単行本化がスタートした時点では、はたして何冊出せるか見通しが立たなかったため、どうしてもメジャーな車種を優先せざるを得なかったという事情があったのだが、それらをひととおりカバーし終えたことで、いよいよこの２車種に出番が回ってきたというわけである。

では、マートラとアルファ・ロメオのどちらにしようかということになったが、これまでの４車種を国別で見ると、ドイツ（ポルシェ）、アメリカ（フォード／シャパラル）、イタリア（フェラーリ）、イギリス（フォードの一部）となっており、イタリア車という点でフェラーリと重なるアルファよりも、初めてのフランス車という理由から結局マートラに落ち着いたというのが決定の経緯である。

ただ、当初の予想では、マートラの１車種だけではいくら加筆をするといっても、これまでの５冊に比べてボリュームが少ない、つまり薄い本になってしまうと思われた。そこで同時代のフランス車として、アルピーヌも加えることにした。ところが、アルピーヌはアルピーヌで悩みがあった。マートラが

1966年のデビューから74年の撤退までほぼ一貫して活動を続けたのに対し、アルピーヌの活動は60年代（63～69年）と70年代（73～78年）の２つの時期に分かれているのである。それでも執筆を開始した時点ではどちらもカバーするつもりでいたのだが、書き進めているうちに、後期まで含めるとページ数が予定よりオーバーすることが明らかになり、またこの時代はマートラやアルピーヌの前期とはいささか異質な感じを受けるので（例えばカラーリングにしても、70年代後半にはフランス車ではお馴染みのブルーではなく、黄／黒となってしまうといった具合）、再度検討の結果、今回はアルピーヌの後期を除外することにした。この時期のアルピーヌのファンの方はおそらく不満に思われるだろうが、ご理解願いたい。

今回の単行本化にあたっては、これまでの５冊と同じく、CG本誌に掲載した原稿をベースに、大幅な加筆訂正を行なった。マートラについては、CG本誌では1968年にV型12気筒エンジンが登場して以降をメインの内容としたものであったため、今回はV12エンジンが登場する以前の66／67年の項を新たに書き下ろした。もちろん68年以降の項についても大幅な加筆を実施し（ほとんど新たに書き下ろしたといった方が正確かも知れない）、アルピーヌも同様である。イラストについては、マートラ／アルピーヌともCG本誌に掲載した時からコンピューターで描いたものであり、これまでのように以前の手描きのものを描き直す必要はなかったが、CG本誌では掲載スペースの関係などからやむなく割愛した車種として、マートラについては彼らが初めて本格的に開発したスポーツ・プロトタイプのMS620、アルピーヌは小排気量クラスの雄として最も成功を収めたA210の２台を新たに描き起こした。

マートラとアルピーヌという車種は、我が国ではどちらかというと玄人好みの存在として知られてきた。実際、我が国にアルピーヌのコレクターが何人もいることからもそれがうかがい知れるが、逆にいえば一般的なレースファンにはその存在がきちんと知られていなかった感がある。本書によってその存在にもっと多くの目が向けられるようになれば執筆の甲斐があったというものである。

著者

MS620
MS630

第1章

V12エンジン以前

1966——1967年

MATRA

軍需産業から自動車業界へと参入したマートラは、
まだ低かった自社の知名度を高めるための手段として
モータースポーツ活動を開始する。
そして狙いを定めたのが、彼らのお膝元で毎年開催される
世界最大のスポーツカーレース、ルマン24時間だった。
その初期の挑戦を振り返る。

◉1966年以前

新興メーカーの挑戦

御存知の方も多いと思うが、マートラの出発点は自動車ではなかった。創業者であったマルセル・シャッサニーが、第2次世界大戦中の1941年、航空機の機体の下請けを始めたのがそもそもの始まりである。そして大戦後、シャッサニーは51年からミサイルの製造に乗り出し、これで成功を収めると、宇宙開発などにも事業を拡大、60年代初めには航空・宇宙関連の一大企業グループへと成長を遂げていた。ちなみに、社名の『マートラ(Matra)』とは、『“Mécanique-Aviation-Traction”——機械、航空、動力』の頭文字をとったものであった。

そのマートラが自動車と関わるきっかけになったのは、グループ傘下の１社がスポーツカーメーカーの“ルネ・ボネ”にボディ用のFRPを納入していたことだった。ルネ・ボネの創業者、ルネ・ボネは、以前は友人のシャルル・ドイッチェと「DB」という小排気量のレーシングスポーツカーを製作し、50年代にはルマン24時間でクラス優勝や性能指数賞、あるいは熱効率指数賞を度々獲得するなど大いに活躍した。その後、62年にドイッチェとたもとを分かった後は、自らの名前をつけたスポーツカーの開発に乗り出し、ルノーの1.1ℓ直列4気筒エンジンをミドシップに搭載した小型スポーツカー“ジェット”を製作・市販した。

1973年のルマン24時間で陣頭指揮を取る総支配人のジャン-リュック・ラガルデール。右側のサングラスの人物はエンジン開発部門のリーダーであったジョルジュ・マルタン。(EdF)

ところが、やがてルネ・ボネは経営難に陥ってしまう。この時、かねてからボネと親交があり、軍需産業からの脱却を考えていたシャッサニーは、64年10月にルネ・ボネを買収し、『マートラ・スポルト』の名前で自動車部門を設立した。そして、当時まだ35歳という若さの有能なエンジニア、ジャン-リュック・ラガルデールを総支配人に任命した。

彼らはまず、『ボネ・ジェット』の車名を『マートラ・ジェット』に変更して販売を開始した。だが、60年代前半の自動車業界において『マートラ』の名前はほとんど無名に近かった。そこで彼らは、スポーツカーメーカーとしてのイメージを確立するために、モータースポーツ活動に乗り出すことを決断し、まずはジェットをラリーに出場させた。

やがて彼らはサーキット・レースにも進出することを決め、64年後半には元ラリー・ドライバーのクロード・ル・ゲゼが率いるレース部門が発足、パリ郊外のヴェリジィに本拠を置き、活動を開始した。最初の目標にはF3が選ばれ、航空機の技術を生かした鋼板製モノコックを持つMS1（MSは“Matra Sports”の頭文字）が開発されて、65年のフランス国内のF3選手権に挑戦することとなった。

MS1は65年の5月29日、モナコで開催されたF3

レースでデビューした。しかし、このレースを含む最初の3戦はまったくの不振に終わり、一時は撤退も検討されたが、背水の陣で臨んだ7月1日のランスのイベントで、当時マートラのエースドライバーであったジャン-ピエール・ベルトワーズが優勝を飾ると状況は一変。その後はベルトワーズとチームメイトのジャン-ピエール・ジョッソーが連戦連勝、ベルトワーズがこの年のフランスF3チャンピオンに輝き、ジョッソーも2位となった。

66年からはF3と並行してF2にステップアップすることとなり、F3と基本的に共通の車体を持つMS6が開発された。チーム体制も、ワークスに加えて、イギリスのケン・ティレルのチームにもマシーンの供給が開始され、翌67年から3年連続でヨーロッパF2チャンピオンのタイトルを獲得するという大成功を収めることになる。

彼らが力を注いだのは、マシーンの開発だけではなかった。当時F1やスポーツカーレースには、トップクラスのフランス人ドライバーがいなかった。そこでマートラは若手のフランス人ドライバーを積極的に起用した。前出のベルトワーズやジョッソーの他にも、アンリ・ペスカローロやジョニー・セルヴォツ-ギャバンらがワークス・ドライバーに抜擢され、やがて彼らはフォーミュラだけでなく、スポーツ・プロトタイプのステアリングも握ることになった。

スポーツカーレースへの進出

F3からスタートしたマートラのレース活動が、やがて彼らのお膝元で毎年開催されるビッグイベント、ルマン24時間へと目が向けられるようになったのは、ある意味必然的な流れであった。

こうして65年後半、スポーツ・プロトタイプの開発プロジェクトがスタートした。まずは足がかりとして、MS610（『6』は、当時スポーツ・プロトタイプがFIAのカテゴリー区分でグループ6とされていたことによるものらしい）と呼ばれる実験的なマシーンが製作された。これは、新設計

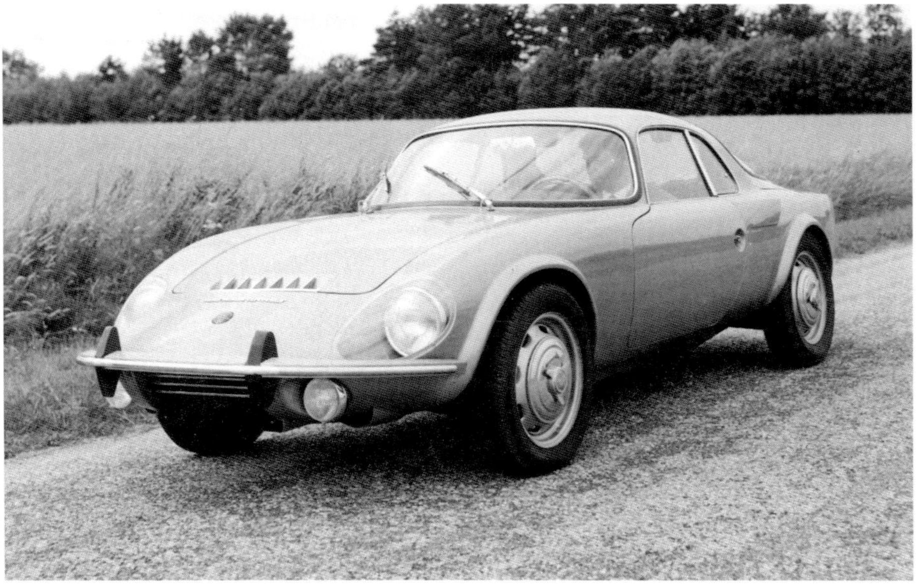

マートラが初めて市販した小型スポーツカーの“ジェット”。といってもルネ・ボネの既存の車を改称したものだったが。

1965年7月、フランス中部のランスのレースでマートラに初勝利をもたらしたF3マシーンのMS1。
ステアリングを握るのは当時エース・ドライバーであったジャン-ピエール・ベルトワーズ。

の鋼管スペースフレームに、イギリス・フォードの1.6ℓ直4エンジン(チューニングはコスワース・エンジニアリングが担当)を搭載したマシーンで、足回りはF3のものを流用し、ボディは市販のジェットのFRP製を架装していた。車体の開発を担当したのは、ベルナール・ボイヤー（65年秋にアルピーヌから移籍）とジャン・エベールの2人。なお、ボイヤーはその後も、一連のスポーツ・プロトタイプの開発において主任設計者を務めることになる。

MS610は65年の11月27／28日、“クリテリウム・デ・セヴェンヌ”（1956年から現在まで続いている伝統あるローカル・ラリー）に、セルヴォッ-ギャバンとフィリップ・ファルジョンのコンビで出場した。残念ながら詳しい経過は不明だが、クラッチのトラブルでリタイアという結果に終わり、結局MS610が実戦に登場したのはこれが最初で最後となった。

◉1966年

本格的プロトタイプの登場 ——MS620の開発

1966年、マートラはいよいよ本格的なスポーツ・プロトタイプの開発に乗り出す。当時のスポーツ・プロトタイプはエンジン排気量の2ℓを境にクラスが上下に分かれており、市販車との関連もあって、彼らは当然2ℓ以下のクラスをターゲットに選んだ。そしてこのクラス用のマシーンとして誕生したのがMS620であった。

車体は、前出のボイヤーが率いるグループが設計を担当した。シャシーは鋼管スペースフレームが新たに設計された（エンジンの左右に容量98ℓの燃料タンクを配置）。また、MS610ではF3の流用だったサスペンションも専用に設計された。レイアウトは当時のレーシングマシーンとしては常識的な前後ダブル・ウィッシュボーン。つまり、前が上下Aアーム。後ろは上がIアーム、下が逆

Aアーム、上下にラジアスアームという構成で、前後ともアンチロールバーを備える。なお、サスペンションのレイアウトはその後も、スポーツカーレースから撤退する74年まで、基本的にほとんど変化がなかった（ジオメトリーはもちろん頻繁に変更された）。ステアリングはレーシングマシーンとしては常識的なラック＆ピニオンである。

ブレーキは4輪ソリッドディスクで、ガーリングのキャリパーを備える。ホイールは自社製のマグネシウム合金の鋳造品、径は前後13インチで、リム幅は前が7.5インチ、リアが9インチ。タイヤは当時一般的だったダンロップのR7を履いていた（レースによってはファイアストーンも使用されたらしい）。

エンジンについては、フランス国内に2ℓクラスの強力なユニットがなかったため、隣国イギリスのBRMに白羽の矢が立てられ、彼らからV型8気筒の供給を受けることになった。このエンジンは、60年代前半の1.5ℓ F1用ユニットを、シーズンオフに当時オーストラリアやニュージーランドで開催されていたタスマン・シリーズ用に排気量アップしたもので、ボア・ストロークは71.76×59.18mm、総排気量は1915cc。動弁方式はギア駆動によるDOHC2バルブ。燃料供給はルーカスの機械式燃料噴射。圧縮比は11：1で、最高出力は245bhp／9000rpmと発表されていた。ギアボックスはドイツのZFが製造していた5段仕様の5DS‐25（その後も72年のMS670までずっと使われ続けることになる）、クラッチはボーグ＆ベックの2プレートであった。

アルミ合金製のボディは、航空機関連のメーカーらしく、風洞実験によってスタイリングが決定された。四角張ったそのスタイリングは、当時彼らが開発を進めていた市販スポーツカー（のちのM530）を意識したものだったが、同じ年のポルシェの新型マシーン、906やフェラーリ・ディーノの流麗さと比べて野暮ったさは否めなかった。車重は850kg（乾燥重量）と発表されていたが、これはライバルのポルシェ 906より200kgも重かった。最高速は275km/hと発表されていた。

マートラが初めて自社開発した市販スポーツカー、M530。16ページのMS620の写真と比べてみると、ボディの造形がよく似ていることが分かる。

MS620の鋼管スペースフレーム。構成するパイプの数が多く、径も太そうで、ポルシェ906などと比較してかなり重かったというのもうなづける。（JPC）

MS620のデビュー

MS620は3月末に完成すると、直後の4月2／3日、当時ヨーロッパ・シーズンが開幕する前の恒例行事として開催されていたルマン・テストデイに1台［620-01］が送り込まれ、初めて公の前にその姿を現わした。ドライバーはジョー・シュレッサーとJ-P.ジョッソーの2人が務め、ボディカウルにクラックが入るなどのマイナートラブルに見舞われながらも、シュレッサーが3分52秒0の好タイムを記録し、参加車全体の5位に食い込んで注目を集めた。ちなみにこのタイムはワークス・ポルシェの906を6.3秒も上回っていたが、ポルシェにトラブルが相次いだことを考えれば、この結果を鵜呑みにするのはいささか問題がありそうだ。

その3週間後、MS620はいよいよ実戦へのデビューを果たす。記念すべきデビューレースとなったのは、この年のマニュファクチュアラーズ・チャンピオンシップの第3戦、4月25日にイタリア・モンザで開催された1000kmレースだった。出場したのは㉗J.セルヴォッツ-ギャバン／J-P.ジョッソー組［01］。しかし、今回はルマン・テストデイのようにはうまく行かず、予選は3分20秒2で14位（2ℓクラスではフェラーリ・ディーノやポルシェ906に次ぐ6位）に留まり、レースでも、マイナートラブルが相次いでピットに長時間留まったため、周回数不足で完走とは認められず、これといった印象を残せないまま、デビューレースを終えた。

選手権の次のレースはタルガ・フローリオだったが、過酷なことで知られるだけにマートラ陣営は出場を見送り（結局彼らはこの公道レースに一度も出場しなかった）、次に彼らが姿を現わしたのは、5月22日にベルギーのスパ・フランコルシャンで開催される1000kmレースだった。マシーンはモンザに続いて㉕［01］が投入されたが、ドライバーは、同じ週末にモナコで開催された

MS620の後部に搭載されたBRMの2ℓ・V8エンジン。当時のF1タイプのリア・サスペンションやZF製のギアボックスに注意。（JPC）

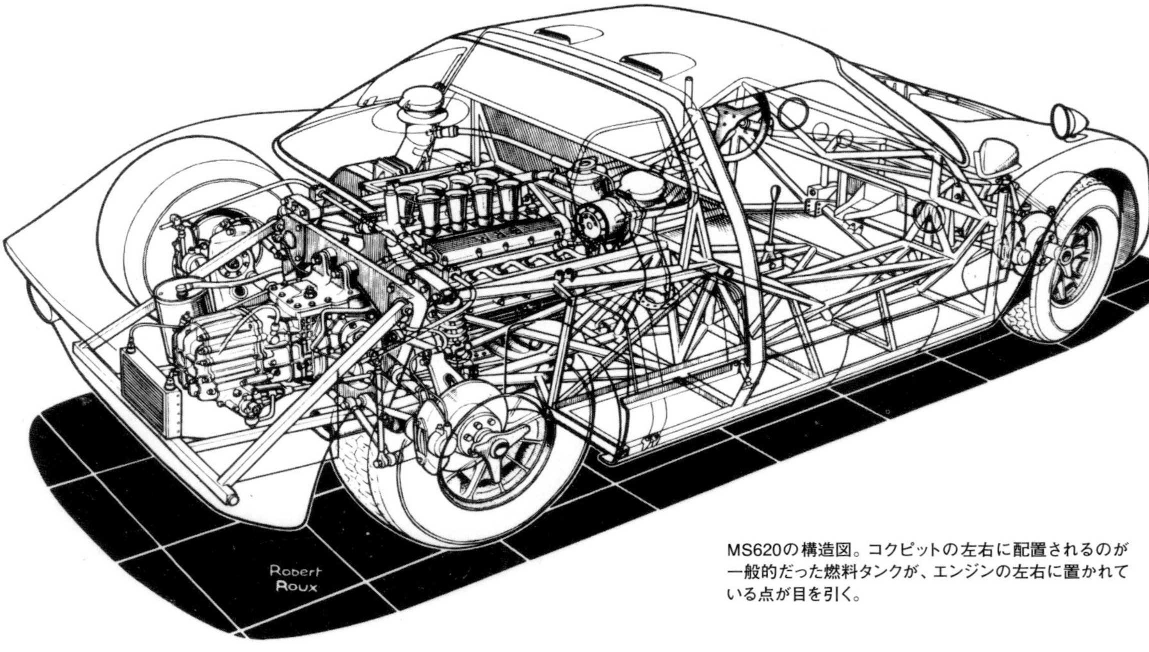

MS620の構造図。コクピットの左右に配置されるのが一般的だった燃料タンクが、エンジンの左右に置かれている点が目を引く。

後ろから見たテストデイのMS620。右ページのモンザのマシーンと比較すると、リアカウルがかなり雑な作りであり、この時の写真の中にはリアのウィンドーが無い状態で走っているものもあるので、もしかすると吹き飛んだのかも知れない。（EdF）

66年4月、ルマン・テストデイに初登場したMS620。ボディカラーは当然ブルーと思われるかも知れないが、実際はグレーである。（EdF）

デビューレースとなった66年のモンザ1000kmでピット作業中のMS620。リアカウルがテストデイの時よりしっかりしたものとなっている。マシーンの向こう側に見えるコート姿の人物が、このマシーンの主任設計者のベルナール・ボイヤー。（EdF）

F3レースに出場したジョッソーの代役として、イギリス人のアラン・リースがセルヴォッツ-ギャバンのパートナーを務めた。しかし、予選は4分14秒6で16位と、モンザに続いて下位に留まり（プロトタイプの2ℓクラスでは出場3台中最下位）、決勝でも燃料系統のトラブルでリタイアと、またもや期待を裏切る結果に終わった。

なお、続くドイツ・ニュルブルクリングの1000kmレースにも、マートラ陣営は1台をエントリーしていたが、結局出場を見送った。おそらくは2週間後に控えていたルマンの準備を優先したものと思われる。

ルマン24時間
（1966年6月18/19日）

そして迎えた3戦目こそ、彼らがスポーツカーレースへの進出を決めた最大の要因であるルマン24時間であった。この地元でのビッグイベントに対して、マートラは新車のMS620を3台投入する力の入れ方を見せた。出場したのは以下の3台である。

㊶ J-P.ベルトワーズ／
　J.セルヴォッツ-ギャバン組［04］
㊷ J.シュレッサー／A.リース組［03］
㊸ J-P.ジョッソー／H.ペスカローロ組［02］

予選結果は、シュレッサー組が3分53秒5で25位（2ℓクラスではワークス・ポルシェの2台の906とフェラーリ・ディーノに次ぐ4位）、ベルト

66年のルマン24時間のスタート直後。左側に2台のMS620の姿が見える。
後方のグリッドにもはや1台しかいないことから、最後尾に近いグループであることが分かる。(PP)

ワーズ組は3分54秒9で26位、ジョッソー組は4分07秒2で34位という順位だった。

レース本番では、序盤こそナンバーワン格のベルトワーズ組がワークス・ポルシェ勢に割り込む健闘を見せたが、マシーンの性能差はいかんともしがたく、次第に引き離されてしまう。そして8時間目、序盤に電気系のトラブルで順位を大きく落としていたジョッソー組がエンジントラブルでまず脱落。また、日付が変わって間もない9時間目、シュレッサーの駆るマシーンがテルトル・ルージュで他車のスピンに巻き込まれてクラッシュ、姿を消した。そして最後に残ったベルトワーズ組も、徐々に不調となっていたギアボックスが13時間目についに焼き付いてリタイアへと追い込まれ、マートラにとって最初のルマン挑戦は、全滅という残念な結果で幕を閉じた。

1966年のマイナーレース

66年の世界選手権の後も、MS620はフランス国内で開催された5つのレースに出場している。おそらくマシーンの熟成のためだろう。

そのうち、7月17日のマニクールではベルトワーズ[04]がマートラにスポーツカーレースでの初勝利をもたらし、また9月25日のモンレリーでもセルヴォッツ-ギャバンが同じマシーンで2位に食い込んでいる。しかし、10月16日にやはりモンレリーで開催された、当時シーズンオフ恒例のイベントとして人気があったパリ1000kmでは、ベルトワーズ/セルヴォッツ-ギャバン組［04］とジョッソー/ペスカローロ組［02］の2台が出場しながら、ベルトワーズ組は事故、ジョッソー組は点火系の

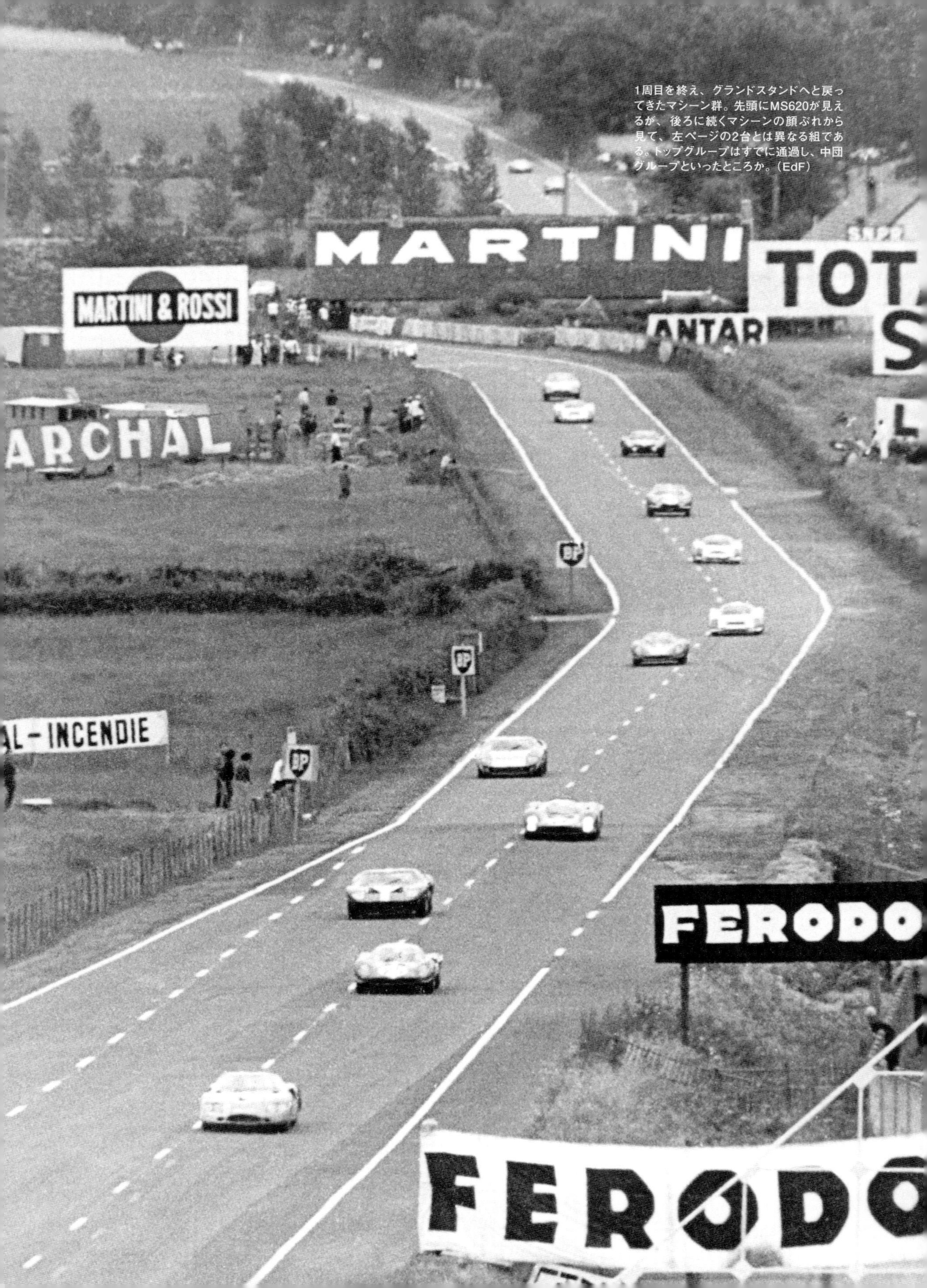

1周目を終え、グランドスタンドへと戻ってきたマシーン群。先頭にMS620が見えるが、後ろに続くマシーンの顔ぶれから見て、左ページの2台とは異なる組である。トップグループはすでに通過し、中団グループといったところか。（EdF）

MS630

トラブルで、どちらもリタイアという結果に終わった。

◉1967年

MS630の開発

66年のMS620は、初登場のルマン・テストデイで垣間見せた速さから期待を抱かせたものの、その後の実戦では同じクラスのポルシェ 906やフェラーリ・ディーノにまったく歯が立たなかった。競争力不足を痛感したマートラが、翌67年シーズンに向けて開発した新型がMS630である。

MS620の最大の欠点は重過ぎたことだった。おそらく彼らにとって初のスポーツ・プロトタイプということで、強度的にかなりの余裕を見込んだものと思われる。そこでMS630では、フレームをはじめ車体全般にわたって軽量化が図られ、車重は前年から100kg以上軽い735kgとなった。

マシーン・レイアウトにおける最大の変化は、MS620ではフロントに配置されていたラジエターが、エンジンの左右に移された点である。現在では、サイドラジエターはZ軸回りの慣性モーメントの減少による運動性能の改善が狙いとされるが、MS630の場合は、ラジエターをなくすことでフロント部分の空力性能の改善を図るのが狙いであったという。また、MS620は市販車を意識した角張ったスタイリングのせいで最高速の伸びに欠けたため、MS630では市販車との関係にはこだわらず、ポルシェやフェラーリ・ディーノのように曲線を多用したスタイリングに改められた。これにより、最高速（公表値）は前年より15km/h速い290km/hに向上した。なお、ボディの材質は前年のアルミ合金からFRPに変更された。

足回りに目を向けると、サスペンションには特に大きな変更はなかったが、ホイールの径が前後とも15インチに広げられ、リム幅も前が9インチ、後ろが12インチに拡大された。

エンジンは前年に続いて、BRM製の2ℓ V型8気筒を使用する。といっても、前年のユニットとはまったく別物だった。新しい仕様は65年のF1用をベースにしたもので、ボア・ストロークは73.3×59.2mm、総排気量は1998cc。前年の仕様との一番の違いは吸排気のレイアウトで、旧仕様ではVの谷間から吸気し、Vの外側に排気していたのに対して、新仕様では各バンクの吸気と排気のカムシャフトの間から吸気し、Vの谷間から排気するというレイアウトに変わった。

なお、この年のマートラは、BRMの2ℓエンジンに加えて、アメリカ・フォードの量産車用がベースの4.7ℓ・V8エンジン（公称380bhp）も一部のレースで使用した。大排気量エンジンを搭載した目的としては、総合優勝を狙うためというのが最も妥当な見方であろうが、将来的なエンジンの排気量アップに備えて、車体開発におけるデータ収集の意味があったのではないかとも推測される。

ルマン・テストデイ
(1967年4月8/9日)

MS630がその姿を公の前に初めて現わしたのは、MS620と同じく、4月初めのルマン・テストデイであった。サルト・サーキットに持ち込まれたのは、MS630（エンジンはBRM・V8）が1台と、MS620が2台（BRM・V8とフォードV8搭載車が1台ずつ）。ドライバーは、J-P.ジョッソーと、当時F3で売り出し中の若手ロビー・ウェーバーの2人がステアリングを握った。

ところが、期待の新型MS630はロードホールディングの不良に悩まされ、ジョッソーが記録し

MS620-MS630

MS620は67年のルマン・テストデイにも姿を見せた。エンジンが異なる2台が走り、このマシーンが参加車中9位の好タイムをマークした。(PP)

上のMS620に搭載されていたアメリカ・フォードの量産車用がベースの4.7ℓ・V型8気筒エンジン。(PP)

67年のルマン・テストデイでデビューしたMS630。いささか無粋だったMS620からスタイリングが一新された。
このマシーンは初めからブルーに塗られていた。（PP）

たタイムは、前年より20秒以上も遅い4分15秒7に留まった。これは一新されたスタイリングの影響、特に車体後部のリフトが非常に大きかったためらしい。一方MS620の方は、ウェーバーがフォードV8仕様で3分53秒6と、参加車中9位に相当する好タイムをマークした。

ところが1日目の午後3時過ぎ、誰も予想しなかった悲劇が起きる。MS620から乗り換えたウェーバーのMS630がユノディエールのストレートの前半でコースを飛び出し、激しくクラッシュしたマシーンは炎上、ウェーバーが死亡する惨事となったのである。事故の原因ははっきりしないが、

後ろから見たMS630。新しいスタイリングは、前半分が曲線で構成されているのに対し、後ろは直線的な部分が目立ち、統一感に欠けるように見える。（PP）

67年ルマンのレース本番を走るペスカローロ／ジョッソー組のMS630。ヘッドライトがテストデイの時と異なり、4灯に変更されている。
前のマシーンは圧倒的な速さでこのレースを制したフォード・マークⅣ。（EdF）

新人にとって前述のように挙動が不安定なマシーンはやはり荷が重かったのかも知れない。

ルマン24時間
（1967年6月10/11日）

テストデイの後、マートラは前年出場したモンザやスパなどシーズン前半の選手権に姿を見せなかった。テストデイの事故の影響か、あるいは二度目の挑戦となるルマンの準備が忙しかったのか定かではないが、いずれにしてもルマンが彼らにとって67年シーズンの初戦となった。

出場したのは、以下の顔ぶれのMS630が2台（エンジンはどちらもBRMの2ℓ・V8）。なお、[01]はウェーバーの事故で廃車になったものと思われる。

㉙ J-P.ベルトワーズ／
J.セルヴォツ-ギャバン組［03］

㉚ H.ペスカローロ／J-P.ジョッソー組［02］

レース前にテストを重ねた甲斐あって、テストデイで問題となったロードホールディングはかなり改善され、マートラ陣営は自信を胸にルマンへと乗り込んだ。予選では、セルヴォツ-ギャバンが3分50秒6をマークして26位、ペスカローロが3分51秒0で27位と、隣り合わせのスターティンググリッドを得た。

タイム的には前年より3秒前後縮まったが、順位が前年とほとんど変わらなかったのは、この年のルマンにはアメリカ・フォードやフェラーリ、シャパラルなどの大排気量マシーンが大挙出場していたせいで、プロトタイプの2ℓクラスではワークス・ポルシェの新型907に次ぐ3、4位であった（もっともクラストップのポルシェとは10秒近いタイム差があったが）。なお、予選ではオリジナルのリアカウルに加えて、ロングテール仕様もトライされたというが、結局レース本番にはオリジナルのリアカウルで臨むことになった。

しかし、決勝におけるマートラは、前年に続いて悲惨な結末をたどることになる。ペスカローロ

67年10月、モンレリーで開催されたパリ1000kmでフォードGT40を追いかけ回すMS630（エンジンはフォード4.7ℓ・V8）。
一時は首位を走る健闘を見せたが、惜しくもリタイア。（EdF）

組はスタート直後、きちんと閉まっていなかったドアがストレートで吹き飛ぶというトラブルで出鼻を挫かれ、その後も40位前後を低迷した挙げ句、結局ドアの破損による影響で8時間目に姿を消した。そしてベルトワーズ組も16位を走っていた12時間目にオイルパイプの破損からエンジンの油圧を失ってリタイアと、2台ともレースの半分も行かないうちに、全滅という結果に終わったのである。

シーズン後半のマイナーレース

選手権が終了した後、マートラ陣営はこの年も前年に続いて、フランス国内のレースに積極的に参加し、MS630が6戦に出場している。そして7月16日のマニクールではペスカローロのBRM搭載マシーン［03］が優勝、また10月8日のクープ・ド・サロンでもやはりペスカローロが今度はフォード搭載マシーン［02］で優勝を飾った。10月15日のパリ1000kmには、ベルトワーズ／ペスカローロ組［02・フォード］とジョッソー／セルヴォツ-ギャバン組［03・BRM］の2台のMS630が出場し、ベルトワーズ組が予選5位から徐々に順位を上げて、一時は首位に立つ健闘を見せたものの、ギアボックスのトラブルでリタイア、ジョッソー組（予選12位）は9位という結果に終わっている。

なお、翌68年もシーズンの前半、フォードV8を搭載したMS630［02］がセルヴォツ-ギャバンのステアリングでフランス国内の5つのレースに出場し、モンレリー（4月28日）、マニクール（5月1日）、ディジョン（5月5日）、パリGP（5月12日）、マニクール（7月14日）と、すべてを制する素晴らしい成績を挙げた。ただ、おそらくはどのレースもマートラに対抗できるような競争相手がいなかったのではないかと推測され、この好成績も割り引いて考えた方がよさそうである。

MS620

マートラにとってルマン・デビューとなった1966年の24時間レースの中盤、事故に巻き込まれてリタイアしたシュレッサー／リース組のMS620“03”の残骸。ちなみに、後ろの2台はフェラーリ330P3（手前）とCDである。

MS620（1966年）

1966年6月18／19日のルマン24時間に出場したジャン-ピエール・ベルトワーズ／ジョニー・セルヴォツ-ギャバン組のMS620“04”。他の2台のノーズの識別色は、シュレッサー組が前ページのように赤、ジョッソー／ペスカローロ組は緑に塗られていた。

MS630（1968年）

1968年9月28／29日のルマン24時間で、健闘しながら惜しくもリタイアに終わったアンリ・ペスカローロ／ジョニー・セルヴォツ-ギャバン組のMS630M“03”。少ないカラー写真で判断するしかないので断言はできないが、同じフレンチ・ブルーといっても、年によって色合いが微妙に異なっていたようである。

1969年のルマン24時間で5位となったヴァッカレラ／グーシェ組のMS630M“04”と、そのエンジン回り（下）。クローズドボディのマートラのプロトタイプがレースに出場したのはこれが最後となった。もしMS640の開発が順調に進んでいたなら、このマシーンが出場することはなかったかも知れない。（2枚ともEdF）

MS650（1969年）

1969年の第3戦モンザ1000kmを走るセルヴォツ-ギャバン／グーシェ組のMS630/650“03”。マートラのプロトタイプとしては初のオープンボディである。（EdF）

1969年6月14／15日のルマン24時間で、マートラにとってそれまでの最高位の4位でフィニッシュしたジャン-ピエール・ベルトワーズ／ピアス・カレッジ組のMS650“01”。ポルシェなどとは一味趣の違ったロングテールがフランスというお国柄を感じさせる。（EdF）

MS650（1969年）

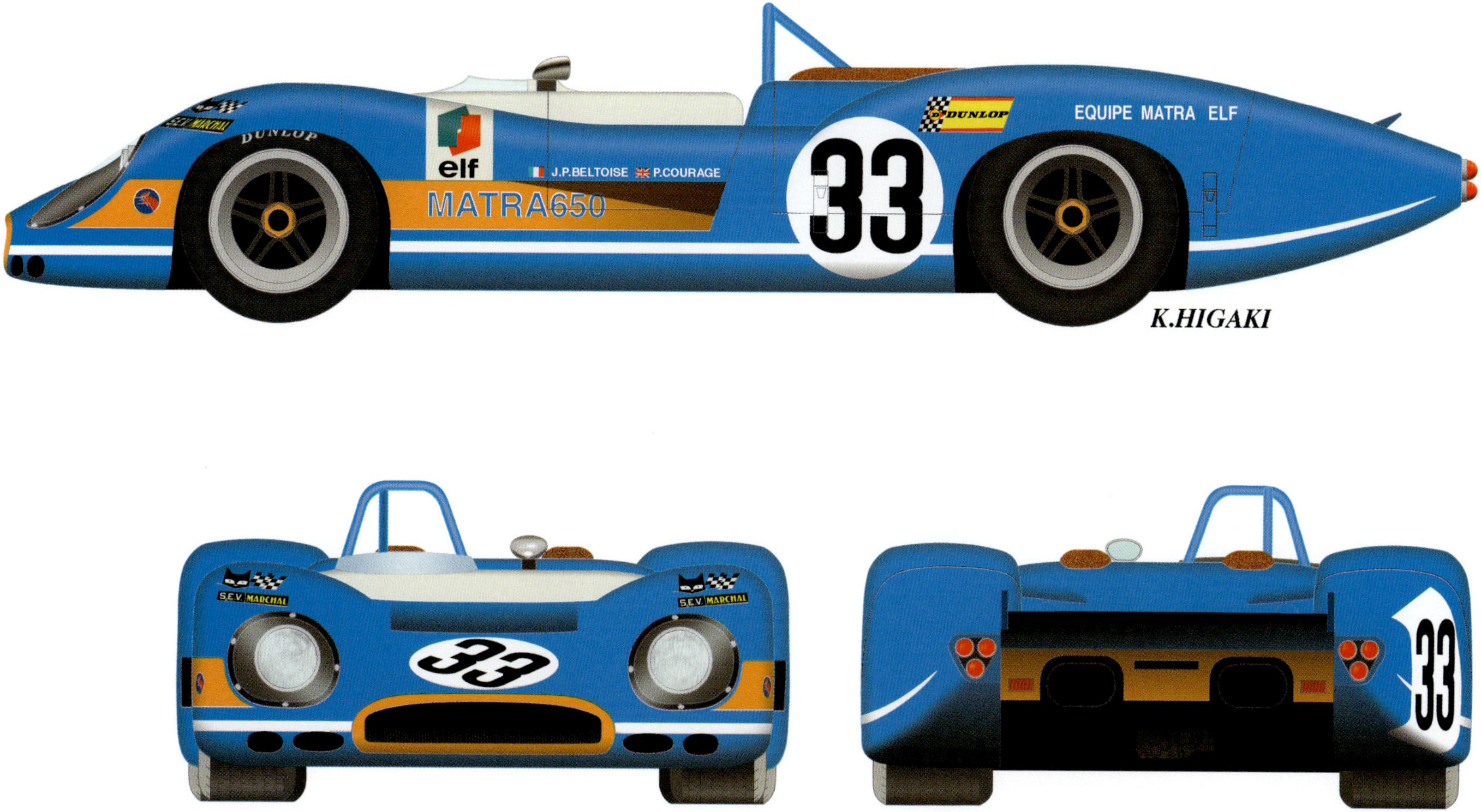
EQUIPE MATRA ELF
DUNLOP
33
J.P.BELTOISE
P.COURAGE
elf
MATRA650
S.E.V. MARCHAL
K.HIGAKI

1970年の開幕戦デイトナ24時間を走るブラバム／セヴェール組のMS650“01”。すぐ後ろに迫るのはこのレースでデビューしたフェラーリの5ℓスポーツカー、512S。（EdF）

ブラバム組のピットストップの場面。2日目の夜が明けた頃だろうか。マシーンのそばに立っているドライバーはブラバムである。（EdF）

MS630M
MS640
MS650
MS660

第２章

V12エンジン時代
［前期］

1968――1971年

フランス政府という強力なバックアップを得たマートラは、
独力でV型12気筒エンジンを開発すると、
この強力な新兵器を擁して
いよいよルマン総合優勝へ向けて第一歩を踏み出した。
しかし、最初の4年間は思うように事が運ばず、
足踏みを強いられることになる。苦難に満ちたこの時期を追う。

MATRA

MS630M

◉1968年

V12エンジンの開発

最初は企業イメージの向上という目的からスタートしたマートラのレース活動だったが、66年から67年にかけてのシーズンオフ、強い追い風が吹いた。

まずは67年の1月中旬、エルフのブランド名で知られる石油企業、UGDとの間で、4年のスポンサー契約が結ばれた。しかし、それよりもっと重要な意味を持っていたのは、フランス政府の支援を受けてF1への挑戦プロジェクトがスタートしたことである。

モータースポーツ発祥の国でありながら、F1及びスポーツカーレースの分野でフランス製のマシーンは長らく低迷していた。この状況を苦々しく思っていた当時のドゴール政権は、国威の発揚、そしてレースでの活躍がフランス車の輸出増進にも役立つはずという現実的な狙いから、F1とスポーツカーレースにおけるフランス製マシーンの復活を促すべく、自動車メーカーに対して資金援助(正確には貸与)を行なう計画を打ち出した。そして、その対象として白羽の矢が立てられたのがマートラだった（その後、アルピーヌも加えられる)。

67年4月14日、総支配人のラガルデールはパリで記者会見を行ない、フランス政府から600万フラン（当時の為替レートで約4億4000万円）の資金を得てF1への挑戦に乗り出すこと、そしてそれ用にエンジンとシャシーを自社で開発すると発表した。さっそく社内にジョルジュ・マルタンが率いるエンジンの開発部門が設けられ、「MS9」と名付けられたエンジンの設計作業がスタートした。

MS9の主な諸元を説明すると、気筒配列は60度V型12気筒。ボア・ストロークは79.7×50mm、総排気量は2992cc。クランクシャフトは7メインベアリング。コンロッドはチタン合金製。シリン

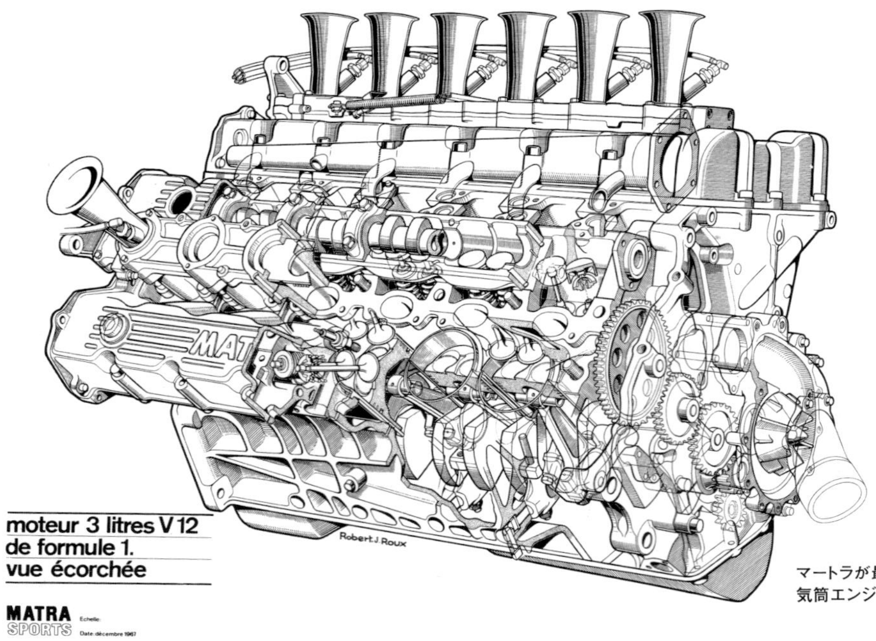

マートラが最初に開発したV型12気筒エンジン、MS9の構造図。

ダーブロック及びシリンダーヘッドはアルミ合金製で、前者は鋼製ライナーを備える。動弁方式はギア駆動によるDOHC4バルブで、バルブの挟み角は55度59分（倒れ角は、吸気が28度22分、排気は27度37分）。バルブ径は、吸気が29mm、排気が27mm。吸排気のレイアウトは、各バンクの2本のカムシャフトの間から吸気し、バンクの外側に排気するというレイアウトを採用していた。燃料供給はルーカスの機械式燃料噴射、潤滑は当然ドライサンプである。単体重量は173kg。圧縮比は11：1で、最高出力は420bhp／12000rpm（F1仕様）と発表されていた。

MS9は67年の12月に完成すると、同月中旬からベンチテストが開始された。そして翌68年の1月中旬に行なわれた記者発表において、5月のF1モナコGPでのデビューを目指し、69年のワールド・チャンピオンを狙うのに加えて、このV12エンジンを搭載したマシーンで70年のルマン制覇を目標とすることも明らかにされた。

なお、F1については、67年にデビューしていきなり4勝を挙げ、その高性能を証明したV8エンジン、フォード・コスワースDFVを入手したケン・ティレルのチームが、マートラが製作した車体にこのDFVを搭載したマシーンで出場することにもなった。ちなみに、68年シーズンの最初に登場

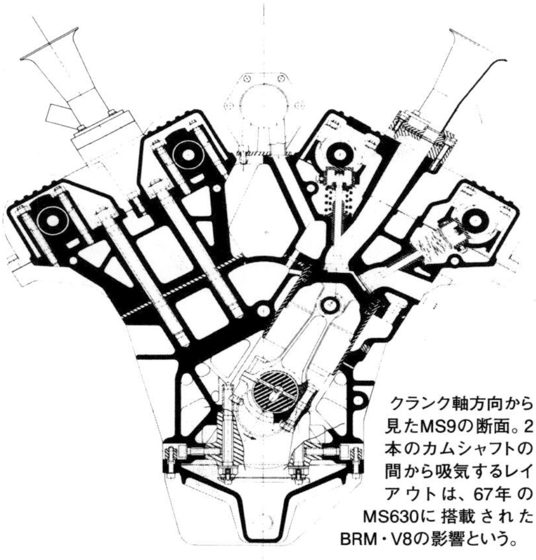

クランク軸方向から見たMS9の断面。2本のカムシャフトの間から吸気するレイアウトは、67年のMS630に搭載されたBRM・V8の影響という。

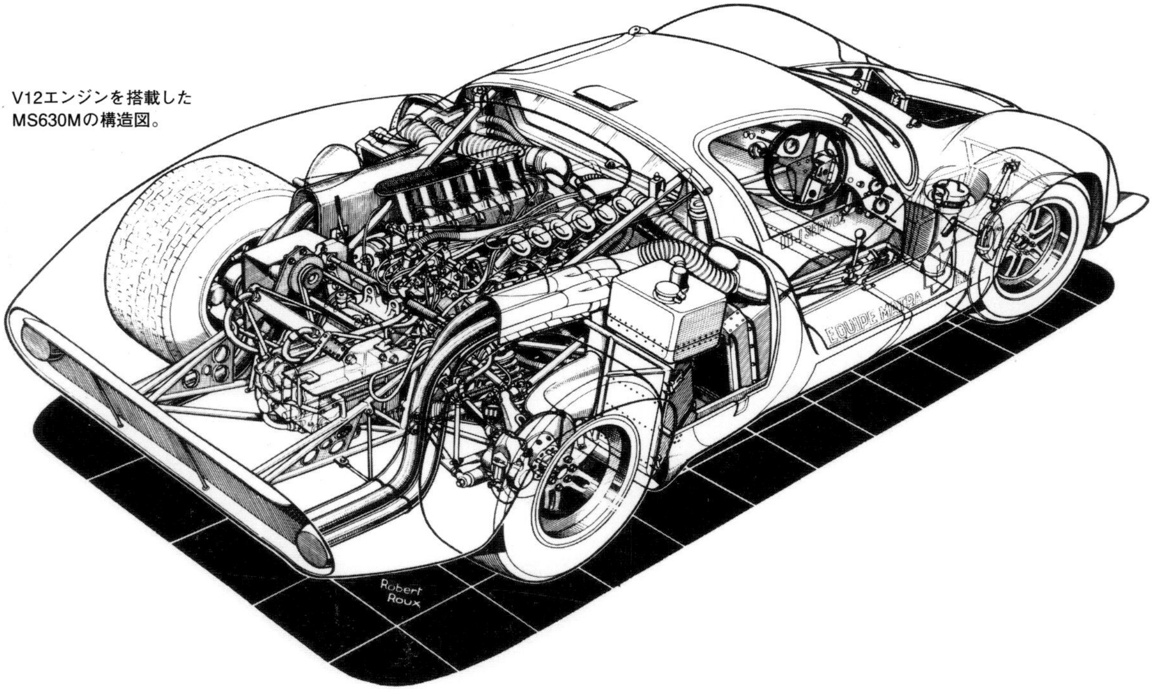

V12エンジンを搭載したMS630Mの構造図。

68年のスパ1000kmでデビューしたMS630M。ただし、レース当日は強い雨に見舞われたので、これは練習か予選で撮影されたものだろう。(EdF)

した彼らの1号車(F2がベース)の車名が「MS9」、つまりマートラ自製のV12エンジンとなぜか同じであり、混同する可能性があるので注意されたい。

1968年のMS630M

こうして68年のマートラは、前年のMS630に新開発のV12エンジンを搭載したマシーンでマニュファクチュアラーズ・チャンピオンシップに挑戦することとなった。この年の車名については、当時はMS630Bという表現がよく使われていたが、正式にはMS630Mというらしく、本稿でも以後はこの呼称を使うものとする。

エンジンは当然スポーツカーレース用にデチューンが施され、最高出力は400bhp(実際にこれほど出ていたかはかなり疑わしい)、回転数のリミットも9500rpmに引き下げられた。また、重いV型12気筒の搭載に対応して、車体関係もフレームの後部が大幅に改造され、サスペンションが強化された。

さらに、燃料消費が増えることを予想して、燃料タンクの容量が119ℓに増やされた。また、前年は不安定な挙動の大きな要因となっていたマシーン後部のスタイリングが、テールを前年より後方に伸ばした形状に変更された。これは若手エンジニアのロベール・ショーレ(後にはポルシェ917のルマン・スペシャルやプジョー905の後期型などのスタイリングにも関与)が開発を担当したもので、前年のルマン・テストデイで試みられたといわれるロングテール仕様とおそらく関連が

68年のルマンに1台だけ出場したMS630M。リアのスタイリングが、
直線的だった前年からこのように曲線的なものに変更されたことで、ようやくバランスがとれた感がある。（BC）

あるものと思われる。これらの改造により、MS630Mの車重は、前年の735kgから820kgへと大幅に増加した。

スパ・フランコルシャン1000km
（1968年5月26日）

V12エンジンを搭載したマシーンのレースデビューは、F1とスポーツカーのどちらも、奇しくも同じ5月26日となった。F1はモナコGPにMS11がデビュー（ちなみにティレル・チームのDFV搭載マシーンは開幕戦から出場）、一方スポーツカーはスパ・フランコルシャンで開催された選手権第7戦の1000kmレースに③MS630M［03］が出場したのである。後者のドライバーは、本来ならベルトワーズとセルヴォツ-ギャバンが務めるはずだったが、2人ともF1の方に出場したため、ペスカローロとほとんど無名の若手ロベール・ミューゼの2人がステアリングを握ることになった。

予選は、ペスカローロが3分48秒9をマークし、新型エンジンのデビューとしてはまあまあの7位（プロトタイプの3ℓクラスでは5位）という結果だった。ところが、決勝当日は朝から強い雨に見舞われ、これが災いした。MS630Mはスタートから1周しただけで、ひどい排気音を出しながらピットに飛び込んできた。電気系が雨に濡れ、エンジンにミスファイアが発生したのである。その後、メカニックたちが30分以上かけて修理を試みたもののついに直らず、そのままリタイアに追い込まれ、V12エンジンのデビューは最悪の結果に終わった。

ルマン24時間
(1968年9月28/29日)

スパの後、マートラ陣営は2週間後に予定されていたルマンに向け、精力的に準備を進めた。その力の入れようは過去2年を大幅に上回っていたが、それには訳があった。もちろんルマンが彼らにとって母国でのビッグイベントであり、最大の目標ということもあったが、それに加えて、この年スポーツカーレースのレギュレーションが大幅に改定され、前年まで君臨していたフォードやフェラーリなどの大排気量マシーンが締め出された結果、マートラをはじめとする3ℓマシーンにとって優勝の可能性が大幅に高まったからである。

ところが、彼らの意気込みを削ぐような出来事が相次いで起こる。まず、当時のフランスはいわゆる5月革命の真っ只中にあって、学生運動が頻発するなど、社会情勢が非常に悪化していたことから、24時間レースの開催が例年の6月から9月末へと延期された。また、この延期を利用してサルト・サーキットで行なわれたテストでは、MS630Mにトラブルが続出し、24時間を完走することも危ぶまれたのである。

一方、スポーツカーレースでの悪戦苦闘とは対照的に、F1におけるマートラはチャンピオン争いに加わる活躍を見せていた(といっても、V12エンジンを使用するワークスではなく、フォード・コスワースDFVを使用するティレル・チームの

やはり68年のルマンでエセスを駆け抜けるMS630M。前から見ると、オイルクーラーがノーズに移され、上面にエアインテークが設けられた点で前年のMS630と見分けがつく。(EdF)

後ろから見たMS630M。ダウンフォースがまだ重要視されていなかった時代であり、
後端がわずかに跳ね上がっている程度で、スポイラーなどは装着されていない。（EdF）

方だったが）。そこで総支配人のラガルデールはF1を優先し、ルマンへの出場は見送ろうと考えた。しかし、彼らの活躍に期待するフランス国内のレース関係者やジャーナリストたちから猛反対の声が挙がったため、MS630M［03］を1台だけ、㉔H.ペスカローロ／J.セルヴォッツ-ギャバン組に託することにした。

ところが、レースは思わぬ展開をたどる。予選ではセルヴォッツ-ギャバンが3分41秒8をマークし、ワークス・ポルシェから送り込まれた3台の3ℓマシーン、908とジョン・ワイアのチームから出場した5ℓスポーツカーのフォードGT40に次ぐ5位という好位置を占めた。

小雨の中でスタートした決勝では、スタート直後にワイパーのトラブルでピットストップを強いられたため、1時間目は16位という後方に留まったが、その後は4時間目が6位、6時間目は4位と、徐々に順位を上げていった。そして本命視されていたワークス・ポルシェ勢が徐々に脱落していくのに乗じ、日付が変わる9時間目には何とフォードGT40に3周遅れの2位まで浮上したのである。しかも、いずれ姿を消すだろうという関係者の予想を裏切り、2日目の正午近くまでその座を守り続けるという大健闘を見せて、サーキットに詰めかけた母国のファンを大いに喜ばせたのである。

しかし、残り3時間余りとなった頃、彼らを不運が襲った。テルトル・ルージュでアルピーヌがクラッシュ、その破片を踏んで左前輪がパンクし、タイヤ交換を余儀なくされたのである。しかも、レースに復帰して間もなく、今度は右後輪がバースト、ちぎれたタイヤのトレッドがそばにあったバッテリーを直撃し、回路がショートしてマシーンから火が出た。乗っていたペスカローロはすぐにマシーンを停止させ、消火器で火を消し止めたため、大事には至らなかったが、もはやリタイアするしか術はなかった。こうして3度目のルマン挑戦も残念な結果に終わったが、それでも予想以上の大健闘に彼らが自信を深めたことは間違いなかった。

ルマンの後、マートラがこの年のレースに姿を見せたのは、10月13日にモンレリーで開催された恒例のパリ1000kmだけだった。出場したのは、ベルトワーズ／セルヴォツ-ギャバン組［03］の1台のみ。予選ではプライベートのフェラーリ412Pとワークス・ポルシェの2台の908に次ぐ4位につけ、決勝でも序盤4位を走っていたが、やがて潤滑系のオイルパイプが破損してピットイン、修理不能と判断されてリタイアという結果に終わっている。

◉1969年

MS650の開発

68年のルマンにおける予想外の好走に自信を得たマートラは、69年シーズン、思い切った動きに出た。この年のルマン制覇に全精力を注ぐために、F1における活動を一時休止したのである（ただし、ティレル・チームは活動を継続し、結果的にジャッキー・スチュワートが見事この年のワールドチャンピオンに輝くことになる）。

マシーンも、MS650と呼ばれる新型が開発された。MS630Mとの一番の違いは、マートラのプロトタイプとしては初のオープン・ボディが採用されたことである。これは、グループ6／スポーツ・プロトタイプに関するレギュレーションがこの年大幅に改められ、最低重量やウィンドスクリーンの最小寸法などそれまであった規定が廃止、あるいは緩和されたことで、

MS630Mのピットストップ。マシーンに乗り込もうとしているのはセルヴォツ-ギャバン。(EdF)

69年シーズン用に開発されたMS650。ただし、ノーズ上面にシムカの文字が見えるので、
69年から70年にかけてのシーズンオフ、何かのイベントに出品された時の写真と思われる。

マシーンの軽量化が容易なオープン・ボディの方が有利と判断されたためであった。実際、MS650の車重はMS630Mの820kgに対して750kgまで軽量化された。

ボディ以外の変化としては、MS630Mでは2ℓ仕様を補強したものだった鋼管スペースフレームが3ℓ専用のものに設計し直されたこと、サスペンションがこの年のF1でティレル・チームが走らせたMS80をベースにしたものに変更されたこと、ブレーキディスクがソリッドからベンチレーテッドとなったこと、前後のホイールのリム幅が拡大されたこと（前は10インチ、後ろは13／15インチ）などが挙げられた。

また、最大の目標であるルマンのエントリーに際し、MS650だけでは台数が足りないことが予想されたため、MS630MのフレームにMS650のオープンボディを架装した、MS630/650と呼ばれる折衷型も製作された。

悲運のマシーン、MS640

ところで、69年用のマシーンとしては、MS650の他に、実はもう1車種開発されていた。それがMS640と呼ばれるクローズドボディのマシーンである。

最大の特徴は、そのボディスタイリングであった。担当したのはMS630Mの改造を手がけたショーレで、風洞実験を実施し、空気抵抗を極力減らした非常に滑らかな形状が決定された。その最高速は、MS630Mの300km/hに対して、340km/hといわれていた（ちなみにMS650は325km/h）。

ただ、このマシーンについては不明な点が多く、ボディ以外の部分についてはほとんど明らかにされていない。フレームはおそらくMS650のものと共通と思われるが、これも確証はない。数少ない写真を見ていて興味深いのは、フロント・サス

MS650のリア回り。写真は70年のマシーンで、タイヤがダンロップからグッドイヤーに、リア・サスペンションのロワーアームが逆Aアームからパラレルリンクに変更されている。(EdF)

ペンションが当時一般的だったアウトボードではなく、スプリング/ダンパー・ユニットをノーズの上側に水平に配置したインボードとされていた点だが、これも理由は不明である。

ところが、この新型マシーンは不幸な出来事により、陽の目を見ることなく終わる。69年のルマンが2ヵ月後に迫った4月16日、マートラはサルト・サーキットでアルピーヌと合同テストを実施した。このテストでMS640はユノディエールのストレートを走行中に突然コースアウト。マシー

69年のルマン用に開発されながら、大事故のせいでお蔵入りとなったMS640。以前は数枚の写真しか発表されていなかったが、最近になってレストアされ、ヒストリックカー・イベントにもしばしば顔を見せている。写真は43ページのものも含めて2005年のグッドウッドのイベントから。(Y.Shimizu)

ンは原型を留めないほど激しくクラッシュし、ステアリングを握っていたペスカローロが重傷を負う事態となったのである（余談だが、ペスカローロは1966年の初出場以来、1999年までルマン24時間にずっと出場し続けたが、その間唯一欠場したのがこの事故の年である）。事故の原因としては、サスペンションの欠陥という説もあるが、空気抵抗を極力減らしたスタイリングのせいでボディのリフトが大きく、マシーンの挙動が不安定であったためという説が最も有力である。いずれにしても、結局この新型マシーンは1台が製作されただけで、お蔵入りの運命となった。

デイトナ24時間
（1969年2月1/2日）

69年シーズン、マートラはルマン以外のレースにも積極的に出場した。おそらくルマンに向けてレース経験を積む狙いがあったものと思われる。その手始めとして、2月初めにアメリカ・フロリダ州のデイトナビーチでこの年の選手権の開幕戦として開催された24時間レースに、MS630Mを1台［04］エントリーした。ドライバーはH.ペスカローロとJ.セルヴォッツ-ギャバンのコンビ。マートラがヨーロッパ以外のレースに出場するのはこれが初めてだったが、わざわざアメリカまで遠征したのは、おそらくルマンの前に同じ24時間の長丁場でマシーンを走らせることが目的であったと思われる。

しかし、残念ながらその目的を達することはできなかった。予選前日の夜間の練習走行中に、ペスカローロの駆るMS630Mはこのコースで最もスピードが出るピット前のバンクを疾走中に突然コントロールを失って転覆（前を行くポルシェ911を避け損なったという説もある）、幸いペスカローロは無傷だったが、マシーンが大破してしまったため、レースへの出場は諦めざるを得なかったのである。

後ろから見たMS640。空気抵抗を極力減らそうとしたスタイリングは、リフトもかなり大きいであろうことが一目瞭然である。
最後尾のスポイラーは可動式なのだろうか。（Y.Shimizu）

69年のモンザ1000kmを走るセルヴォッツ-ギャバン（写真）／グーシェ組のMS630/650。
マートラのオープン・ボディのマシーンとしては初のレースということになる。（EdF）

ルマン・テストデイ
（1969年3月29/30日）

デイトナの次にマートラが姿を現わしたのは、3月末に行なわれる恒例のルマン・テストデイであった。新型のMS650は間に合わず、参加したのはMS630/650［03説］の1台だけ。ベルトワーズ、セルヴォッツ-ギャバン、ペスカローロ、そしてルマン要員としてチームに加わったスイス人のヘルベルト・ミューラーの4人が交互にステアリングを握り、セルヴォッツ-ギャバンが3分33秒9をマークして、同じクラスのポルシェ908やフェラーリ312Pを抑え、ワークス・ポルシェの5ℓスポーツカー、917に次ぐ2位という好結果を収めた。

モンザ1000km
（1969年4月25日）

第3戦のモンザ1000kmにも、③MS630/650［630-03］が1台出場した。ステアリングを握ったのは、セルヴォッツ-ギャバンと、MS640のテスト中に負傷したペスカローロの代役としてチームに加わったジャン・グーシェのコンビである。

予選では、好調のセルヴォッツ-ギャバンが2分53秒0をマークして5位につけ、決勝の序盤もポルシェ908とフェラーリ312Pからなるトップグループに食らいついた。その後は彼らのハイペースについて行けず、徐々に引き離されたが、それでも4位前後を走る健闘を見せた。だが、やがて燃料ポンプが不調となってペースダウン、修理のためにピットに入って順位を落とした挙げ句、レース中盤にエンジンのオーバーヒートでリタイアに追い込まれた。

このモンザの後、マートラ陣営はいよいよ間近に迫ったルマンの準備に専念するため、以後のタルガ・フローリオ、スパ・フランコルシャン、ニュルブルクリングの3レースには姿を見せなかった。

ルマン24時間
(1969年6月14/15日)

そして迎えた注目のルマン。必勝を期すマートラ陣営は、このレースにそれまでで最多の4台をエントリーした。新型のMS650は結局1台しか間に合わず、MS630/650が2台、そして事故で失われたMS640の代わりに、急遽製作されたMS630M（前年のMS630Mに対してオイルクーラーの位置の変更や軽量化などの改良を加えた仕様）が1台という陣容である。

また、大量エントリーとペスカローロが負傷した影響で、一転ドライバーが不足する事態となり、この年のルマンを欠場したアルファ・ロメオからニーノ・ヴァッカレラとナンニ・ギャリの2人のイタリア人をレンタル、またイギリス人のピアス・カレッジやロビン・ウィドウズを招聘するなど、この年の顔ぶれはフランス人一辺倒だったそれまでに比べて、あたかも外人部隊の様相を呈するものとなった。出場したマシーンとドライバーの組み合わせは以下のとおりである。

㉜ N.ヴァッカレラ／J.グーシェ組
（630-04、MS630M）
㉝ J-P.ベルトワーズ／P.カレッジ組
（650-01、MS650／ロングテール）
㉞ J.セルヴォツ-ギャバン／H.ミューラー組
（630-03、MS630/650）
㉟ N.ギャリ／R.ウィドウズ組

モンザのピットストップ。トラブルが発生した燃料ポンプをメカニックたちが修理している場面である。（EdF）

69年のルマンで5位となったヴァッカレラ／グーシェ組のMS630M。
前年の出場車に対して、オイルクーラーのエアインテークの位置がノーズの先端に移されている。（BC）

（630-02、MS630/650）

予選は、大挙出場したワークス・ポルシェの917や908が上位を占め、マートラはセルヴォツ-ギャバン組が総合11位（3分36秒4／3ℓクラス7位）、以下ベルトワーズ組が12位（3分37秒5）、ギャリ組が16位（3分43秒8）、ヴァッカレラ組が17位（3分44秒6）という順位となった。最上位のセルヴォツ-ギャバン組とクラストップのポルシェとのタイム差は約6秒あったが、おそらくマートラ陣営は本番を重視して、それほど無理をさせなかったものと思われる。

レースの序盤は、予選の結果どおり、ワークス・ポルシェの917と908が主導権を握る展開で進んだ。これに対してマートラは、速さではポルシェ勢に太刀打ちできないことから、着実なペースで周回を重ねた。2時間目の時点で、マートラの最上位はセルヴォツ-ギャバン組が6位、ベルトワーズ組が7位でこれに続く。しかし、前者は3時間過ぎにフロント・サスペンションの取り付けボルトが緩むトラブルで長時間のピットストップを余儀なくされ、20位以下まで大きく後退してしまう。

4時間目、ベルトワーズ組がポルシェ勢に次ぐ4位まで浮上し、ギャリ組も6位につけている。ベルトワーズ組は7時間目には3位に上がったが（一時は2位を走行）、直後に電気系統のトラブルで7位に後退した。11時間目、10位まで挽回していたセルヴォツ-ギャバン組のマシーンが電気系のトラブルでコース脇にストップ、マートラ勢で最初の（そして結果的には唯一の）リタイアとなった。

レースの半分が経過した時点で、マートラの最上位はグーシェ組の6位、ベルトワーズ組が7位で続く。その後、上位を走っていたワークス・ポル

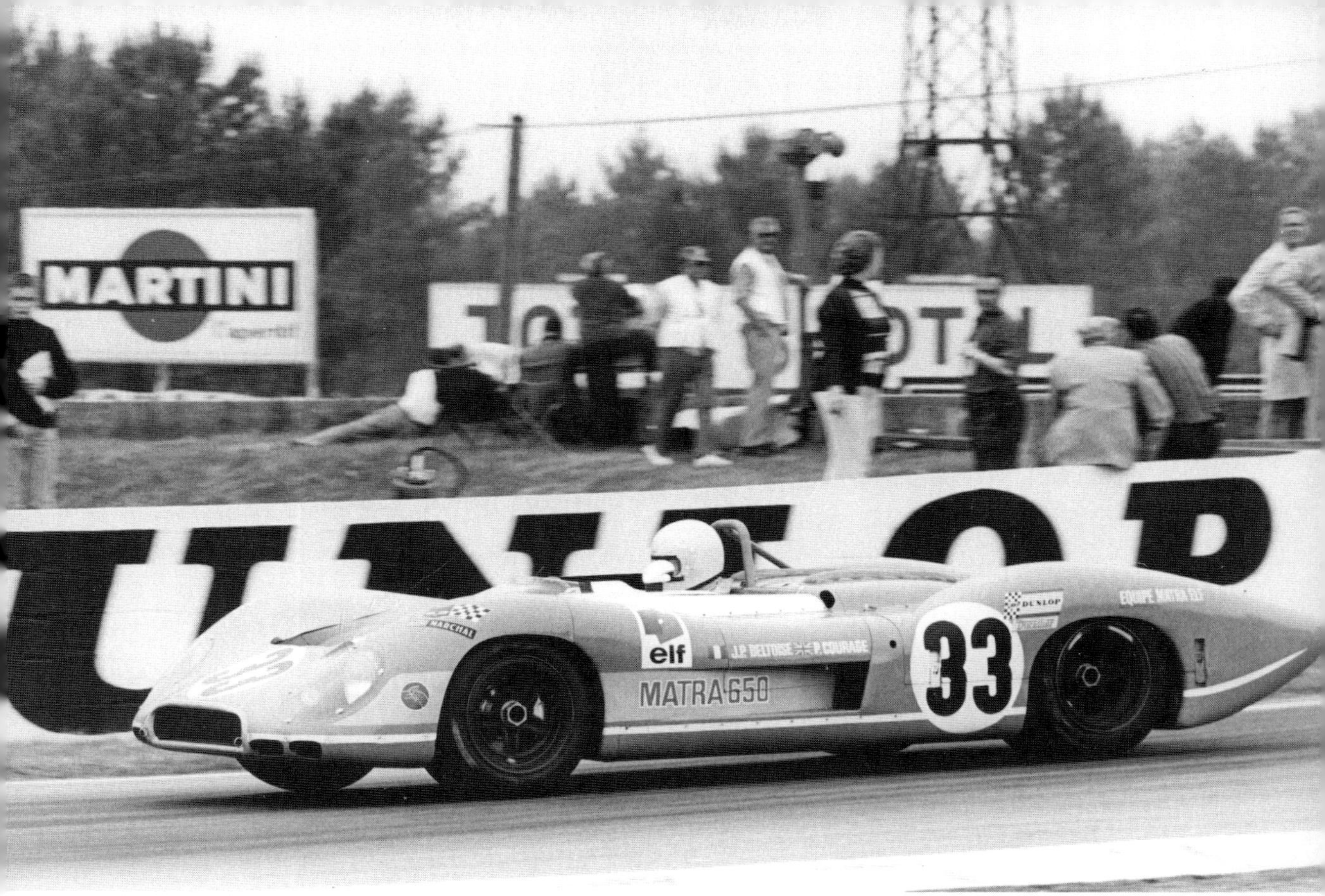

マートラ勢で最上位の4位に食い込んだベルトワーズ／カレッジ（写真）組のMS650。
モンザの写真と比較すると、テールがより後方まで延ばされている。（BC）

シェ勢にトラブルが出始めたことから、ベルトワーズ組が徐々に順位を上げ、15時間目には3位に返り咲くも、摩耗が激しかったブレーキパッドの交換（この年のマートラの弱点）や周回遅れとの接触で破損したフロントカウルの修理で、再び順位を落とした。またギャリ組も日付が変わった直後、不調に陥った燃料ポンプの修理に1時間以上を費やし、18位まで後退した。

2日目の夜が明けた16時間目の順位は、グーシェ組が6位、ベルトワーズ組が7位。その後は2台の間で順位を入れ替える展開となり、そのまま24時間目のフィニッシュを迎えるかに思われたが、残り4時間となった頃、レースは急転回を見せる。上位2位を占めていたワークス・ポルシェの917と908が相次いでトラブルに見舞われ、姿を消してしまったのである。これにより、残り3時間からはベルトワーズ組が4位、グーシェ組が5位という順位に落ち着いた。

レースは終盤、ジョン・ワイアのチームのフォードGT40とワークス・ポルシェの908が最終ラップまで順位を入れ替える熾烈な競り合いを繰り広げた末に、フォードGT40が劇的な優勝を飾ったが、マートラ勢も、ベルトワーズ組が4位（終盤3位のフォードGT40を追い上げたが、惜しくも届かず）、グーシェ組が5位、そしてレース後半追い上げたギャリ組も7位でフィニッシュし、マートラとしては66年に挑戦を開始して以来、最高の成績を挙げたのである。

ワトキンズ・グレン6時間
（1969年7月12日）

ルマンの好成績でいっそう自信を深めたマートラ陣営は、シーズン後半も積極的に選手権に出場した。まずルマンの1ヵ月後、アメリカ東海岸のワトキンズ・グレンで開催された第9戦の6時間レースに、ルマンで使用した2台が送り込まれた。

1台は⑨MS650［650-01］で、ドライバーはルマンまでフェラーリのワークスに在籍していたメキシコ人のペドロ・ロドリゲスがチームに加わり、J.セルヴォツ-ギャバンと組む。もう1台は⑩MS630/650［630-02］で、こちらにはルマンに続いてJ.グーシェとR.ウィドウズの2人が乗った。マシーンはルマンから特に変化はなかったようである。

予選では、セルヴォツ-ギャバンが1分09秒23の好タイムをマークして、ワークス・ポルシェの908勢に割り込む形で2位となり、選手権では初となるフロントロウを占めた。一方のグーシェ組は1分11秒86で7位に留まった。

ローリングスタートで始まったレースは、ポールポジションからスタートしたポルシェ908が2位以下をどんどん引き離し、セルヴォツ-ギャバンは他のポルシェと2位を争う展開となった。しかし、セルヴォツ-ギャバンのマシーンはやがて燃料ポンプが不調となってペースダウン。ピットに入り、30分近くを費やしてメータリング・ユニットを交換したため、順位を大きく落としてしまう。トラブルはグーシェ組にも襲いかかり、こちらは点火系が不調となって、イグニッション・ボックスの交換を余儀なくされた。

それでも、セルヴォツ-ギャバン組はレースに復帰した後、猛烈な追い上げを見せ、表彰台を独占したポルシェ勢に次ぐ4位でフィニッシュした。一方、グーシェ組は復帰後7位まで挽回したものの、レース後半になって滑り始めたクラッチがついに壊れ、リタイアに追い込まれた。

ルマンに出場した4台中、ただ1台24時間を走り切れなかったセルヴォツ-ギャバン／ミューラー（写真）組のMS630/650。（BC）

こちらは7位でフィニッシュしたギャリ／ウィドウズ組のMS630/650。
セルヴォツ-ギャバン組とこの2台のテールは、モンザに出場したマシーンと同じものであった。（BC）

なお、このレースの翌日には同じサーキットで、当時北米大陸で高い人気を誇っていた2座席レーシングカーの選手権、Can-Amが開催され、高額の賞金目当てに、前日のレースに出場したプロトタイプも、2台のマートラを含む5台が出場した。マートラからは、セルヴォツ-ギャバンがMS650、ロドリゲスがMS630/650で出場した。予選では、排気量がプロトタイプの倍以上あるCan-Am勢がやはり圧倒的に速く、セルヴォツ-ギャバンが15位（1分10秒46）、ロドリゲスは17位（1分10秒95）からのスタートとなった。しかも決勝では、Can-Am勢とのスピード差に加えて、燃料タンクの容量が小さいためレース中に給油が必要というハンデがあったにもかかわらず、プロトタイプ勢はいずれも大健闘を見せ、ポルシェの6位を頭に4台が完走、マートラの2台も、セルヴォツ-ギャバンが8位、ロドリゲスも10位という好成績を収めた。

オーストリア1000km
（1969年8月10日）

続く第10戦、この年の選手権の最終戦となったオーストリア1000kmにも、マートラは㊷J.セルヴォツ-ギャバン／P.ロドリゲス組のMS650［650-01］を出場させた。予選ではセルヴォツ-ギャバンが1分48秒4を記録し、ジョン・ワイアのチームから出場した3ℓプロトタイプのミラージュと、5ℓスポーツカーのローラT70に次ぐ3位につけた。

レースの序盤は、ミラージュとワークス・ポルシェの917が首位を争い、マートラは3位を走るという展開で進行した。その後、917がマイナートラブルで後退したため、マートラはミラージュに次ぐ2位に上がり、さらにレース中盤、ミラージュがステアリングのトラブルでピットに入ったことで、ついに首位に立った。だが、その座も長

ルマンにおけるMS650のピットストップ。コクピットに収まろう（あるいは降りよう?）としているのはカレッジ。ロングテール周辺の形状がよく分かる1枚。（EdF）

くは続かなかった。その5周後、ステアリングを握っていたセルヴォツ-ギャバンがシフトダウンをしようとした際、誤ってそばにあった燃料ポンプのスイッチを切ってしまう。突然エンジンのパワーを失ったままコーナーに進入したマシーンはコントロールを失ってスピン、バリアにクラッシュしてリタイアに追い込まれたのである。

パリ1000km
（1969年10月12日）

マートラにとって69年最後のレースとなったのは、例によってシーズンオフの恒例イベント、パリ1000kmであった。出場したのは、J-P.ベルトワーズ／H.ペスカローロ組のMS650［650-01］と、P.ロドリゲス／ブライアン・レッドマン（このレースのみのスポット契約）組のMS630/650［630-02］の2台。マートラ以外にワークスチームは出場しておらず、プライベートのポルシェ908/02（4台）や、今や時代遅れとなりつつあったフォードGT40（3台）、ローラT70（2台）などが主な出場車の顔ぶれであった。

予選では、プライベートのポルシェ908/02が1、2位を占め、マートラはベルトワーズ組が2分42秒5で3位、ロドリゲス組が2分44秒5で4位からのスタートとなった。

レースは、ベルトワーズ組が優勝を飾り、ロドリゲス組も2位と、マートラにとって初の1−2フィニッシュという最高の形でシーズンをしめくくった。残念ながらレースの詳しい展開は不明だが、他の出場車の顔ぶれから見て、おそらくマートラの楽勝であったものと推測される。

69年10月、シーズンオフ恒例のイベント、パリ1000kmで2位となったロドリゲス（写真）／レッドマン組のMS630/650。
背後にモンレリー名物のバンクの一部が見える。（DPPI-Max Press）

◉1970年

クライスラー・フランスとの資本提携

69年から70年にかけてのシーズンオフ、会社としてのマートラに大きな変化があった。69年12月、アメリカの巨大自動車メーカー、クライスラー傘下のクライスラー・フランス（旧シムカ）との提携が決まり、彼らから資金援助を受けることになったのである。その背景には、フランス政府からの支援が69年限りで打ち切りとなったことも影響していたらしい。

といっても、この提携がプロトタイプのレース活動に影響を及ぼすことはほとんどなかった（マシーンに描かれるチーム名が「マートラ・シムカ」に変わった程度）。ただ、F1については事情が違った。前述のように、69年シーズン、ティレル・チームからフォード・コスワースDFVを搭載したマートラのマシーンでF1に出場したジャッキー・スチュワートは見事ワールドチャンピオンに輝いた。しかし、今やマートラのレース活動の資金源となったクライスラーは、ライバルであるフォードの名前がついたエンジンをそれ以上使い続けることを認めず、ティレル・チームに対してマートラ製のV12エンジンへの変更を求めた。だが、DFVに執着するティレル・チームはこれを拒否、結局66年から続いてきた両者の関係に終止符が打たれたのである。

MS660の開発

新たに大きな資金源を得たことで、マートラの

MS660

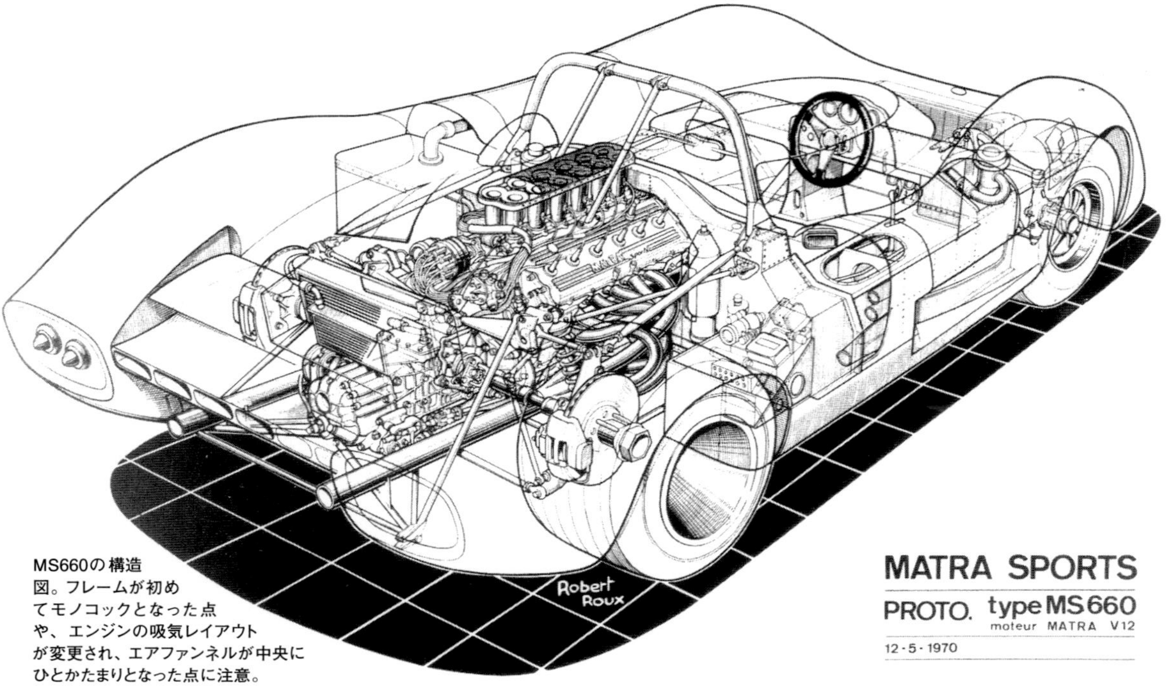

MS660の構造図。フレームが初めてモノコックとなった点や、エンジンの吸気レイアウトが変更され、エアファンネルが中央にひとかたまりとなった点に注意。

スポーツカーのレース活動にはいっそう弾みがついた。まず70年シーズン用に、MS660と呼ばれる新型マシーンが開発された。MS650から最も変わったのは、MS610以来ずっと使われ続けてきた鋼管スペースフレームが、ツインチューブ・タイプのアルミ合金モノコックに変更された点である。一番の狙いはマシーンのさらなる軽量化という点にあり、これによりMS660の車重は720kgと、MS650から約30kgの軽量化が達成された。

ボディのスタイリングも、MS650より低く、平べったいイメージのものへと変更された。足回りについては、タイヤがそれまで使い続けてきたダンロップからグッドイヤーへと変更された。これはグッドイヤーやファイアストーンの攻勢によってダンロップの競争力が低下したためと思われる（結局ダンロップは70年限りでレースから撤退する）。また、リアのホイールのリム幅が15／16インチに拡大された。

エンジンに関しても大きな変更があった。MS12と呼ばれる新型のV型12気筒が開発されたのである（ただし、F1は開幕から投入されたのに対して、スポーツカーレースはシーズン途中から）。ボア・ストロークや総排気量はMS9と共通で、最も変わったのは吸排気のレイアウトであった。具体的には、MS9では各バンクの2本のカムシャフトの間にあった吸気ポートが、フォード・コスワースDFVのようにVの谷間に移動された（バンクの外側に排気するレイアウトは変更なし）。また、バルブ挟み角もMS9の55度59分から、DFVに近い33度30分へと狭められた（バルブ径も吸気31mm／排気27mmに拡大）。これらの変更により、MS12の最高出力は450bhp／11000rpm（F1仕様、スポーツカー仕様は420bhp／10500rpm）までアップした。これは、数字の上では当時の3ℓエンジンの中で最高だったが、実際にそれだけ出ていたかとなると、いささか疑

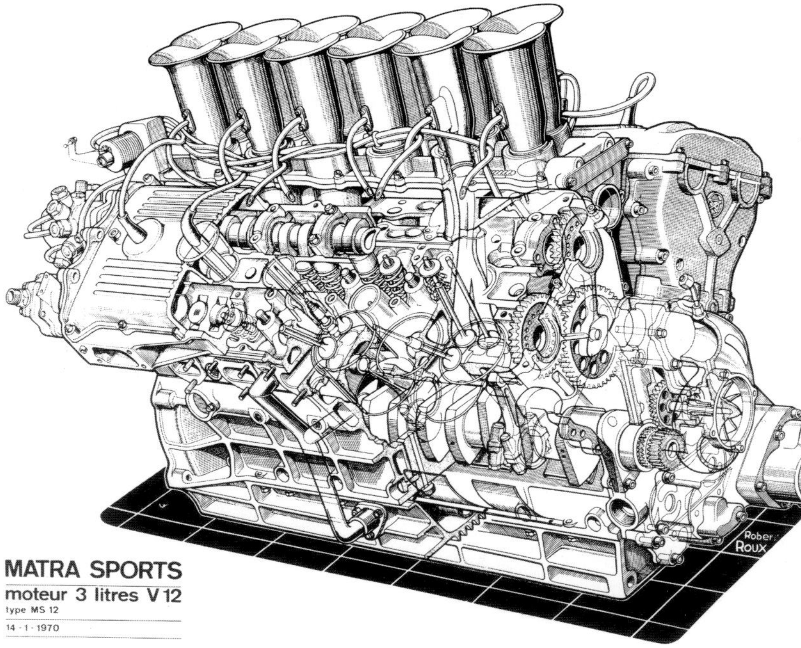

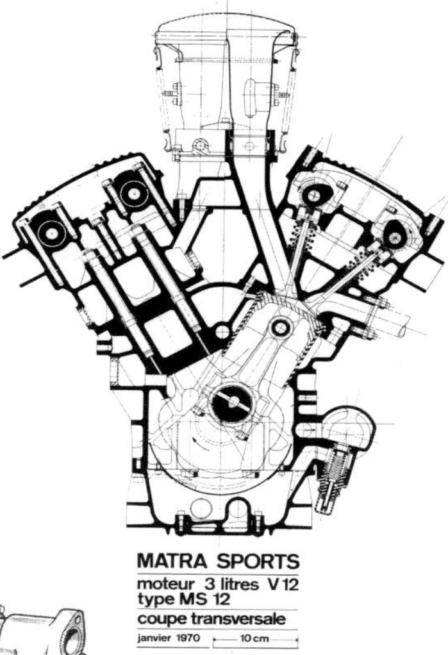

新型エンジン、MS12の構造図（左）と、クランク軸方向から見た断面（右）。34 ／ 35ページのMS9の図面と比較すると、吸気ポートの通し方やバルブ挟み角、底面のオイルパンの形状などが大幅に変更されている。

わしい。

南米の2レース

70年シーズンのマートラは、目標のルマン制覇に向け、マシーンの熟成を促すために、前年に続いてルマン以外のレースにも積極的に出場した。ただ、新型のMS660についてはシーズンの前半には間に合わず、6月のルマンでデビューするものとされ、それまではMS650が使用されることになった。

この年のマニュファクチュアラーズ・チャンピオンシップの開幕は、例によってデイトナ24時間とされていたが、より多くの実戦経験を積もうとしていたマートラ陣営はデイトナに先立ち、南米アルゼンティンの首都ブエノスアイレスのサーキットで２週続けて開催されたノンチャンピオンシップ・レース（別名テンポラーダ・シリーズ）に、J-P.ベルトワーズ／H.ペスカローロ組のMS630/650［630-02］を出場させることにした。このシリーズには、マートラにとって同じ3ℓクラスのライバルであるアルファ・ロメオも2台を送り込み、両者の対決に注目が集まった。

1戦目は1月11日に開催された1000kmレース。予選では、プライベートのポルシェ917がポールポジションを獲得し、マートラは9位に留まった（低迷の理由は不明）。しかし、レース本番では、ポールからスタートした917や2台のアルファと首位争いを繰り広げ、その後この3台がマシーントラブルなどで姿を消したり後退したことから、最後は独走となったマートラが優勝を飾った。

1週間後に同じサーキットで開催された200マイルレースでは、予選は4位、決勝では優勝こそアルファの1台にさらわれたが、安定した走りでポルシェ908/02に次ぐ3位に食い込み、幸先の良いシーズンの幕開けとなった。

デイトナ24時間
（1970年1月31日～ 2月1日）

南米での好成績で気を良くして迎えた世界選手権の開幕戦、デイトナには2台のMS650が出場した。1台は前年から残留のJ-P.ベルトワーズ／H.ペスカローロ組［650-02］、もう1台［650-01］は、F1で3度チャンピオンに輝いたオーストラリア人の大ベテラン、ジャック・ブラバムと、若手のフランス人、フランソワ・セヴェールという、何とも対照的な新入り2人がステアリングを握った。ちなみにセヴェールは、前年までのレギュラー、セルヴォツ-ギャバンがシーズンオフの間にオフロードレースで目を痛めたため、彼の代役として起用されたものだった。

予選では、チームに加わったばかりの㉝ブラバムが健闘し、1分58秒7で7位（3ℓクラスではトップ、ただしアルファは欠場）につけたが、㉞ベルトワーズ組は2分05秒3で14位に留まった。なお、この年の選手権はポルシェ917やフェラーリ512Sといった排気量5ℓのグループ4／スポーツカーに属するマシーンが大挙出場したのに対して、排気量3ℓのグループ6／スポーツ・プロトタイプに属するマシーンの台数が比較的少なかったという点を頭に入れておいて、予選や決勝の結果を見ていただきたい。

決勝では、レース前の予想どおり、スタート直後からポルシェやフェラーリの大排気量マシーンが上位を占めたが、マートラも燃費の良さを活かしてそれに食らいつく展開となった。レースの3分の1が経過した8時間目の順位は、ブラバム組が8位、ベルトワーズ組が9位。そしてレースの半分が過ぎた頃には、ブラバム組が3ℓクラストップの4位まで浮上した。

しかし、レースも後半に入ると、2台とも電気系のディストリビューターにトラブル（これは

MS660の後部に搭載されたMS12エンジン。オイルクーラーが二重になっているが、前がエンジン用、背後はギアボックス用。（EdF）

70年の開幕戦デイトナを走るベルトワーズ（写真）／ペスカローロ組のMS650。
背後に迫るのはこのレースで3位となったフェラーリの5ℓスポーツカー、512S。（PB）

V12エンジンの弱点だったらしい）が発生し、修理の間に順位を大きく落とした。結局最後はずっとピットに居座り、24時間目の直前にレースに復帰して何とかチェッカーを受け、完走とは認められたものの、ブラバム組は優勝したポルシェ917に160周以上引き離された10位、ベルトワーズ組も18位と、期待を裏切る結果に終わった。

セブリング12時間
（1970年3月21日）

デイトナに出場した2台のMS650は、1ヵ月半後にやはりフロリダ州セブリングで開催された第2戦の12時間レースにも姿を見せた。ただ、ドライバーの顔ぶれに変化があった。F1のノンチャンピオンシップ・レースに出場するベルトワーズとブラバムに代わって、目の負傷が癒えたセルヴォツ-ギャバンがペスカローロと［650-01］で、スポット出場の地元アメリカのヒーロー、ダン・ガーニーがセヴェールと組んで［650-02］で出場したのである。デイトナからのマシーンの変更点としては、リアカウルの最後尾がカットされ、後輪が剥き出しになったことだったが、これは軽量化のためと思われる。

予選では、㉟ガーニーが地元の強みを発揮して2分37秒44で8位（アルファ勢を抑えて3ℓクラス1位）、一方の㉞ペスカローロ組は2分39秒50で10位からのスタートなった。

決勝では、ガーニー組が序盤にクラストップの5位を走る健闘を見せたが、やがてデイトナに続いてディストリビューターに起因するミスファイアのために後退、またペスカローロ組もマイナートラブルでピットストップを繰り返した。

それでも、上位の大排気量マシーンがその後マシーントラブルなどで相次いで脱落したため、ペスカローロ組は5位でフィニッシュしたが、3ℓクラスの勝利は3位でフィニッシュしたアルファに譲る結果となった。一方、ガーニー組は長時間のピットストップがたたって12位という成績に

第2戦セブリングで5位となったペスカローロ（写真）／セルヴォツ-ギャバン組のMS650。
このレースからリアカウルの最後尾がカットされ、いわゆるミニスカート仕様に改造された。（BC）

終わった。

BOAC1000km
（1970年4月12日）

　舞台をヨーロッパに移して開催された第3戦は、英国ロンドン近郊のブランズハッチで開催されたBOAC1000kmである。このレースにも2台のMS650が投入され、(51) J-P.ベルトワーズ／J.ブラバム組に新車の[650-03]、(52) H.ペスカローロ／J.セルヴォツ-ギャバン組には［650-01］が託された。ただし、両者の間でシャシーナンバーが逆という説もある。

　マシーンの変更点としては、このレースから新型のV12エンジン、「MS12」がいよいよ実戦に投入されたことが挙げられる。といっても、用意されたのはベルトワーズ組の1台だけで、ペスカローロ組はMS9のままだったが。

　また、決勝を走ったベルトワーズ組のマシーンは、ボディの前後に大きなウィングが追加されていた。おそらくはダウンフォースを増やすために、実験的に装着されたものと思われるが、最初から装着されていたのか、それとも激しい雨の中で行なわれたことから、ダウンフォースが必要とされた決勝のために急遽装着されたものだったのかは不明である。

　予選では、ベルトワーズ組が1分29秒0で3ℓクラストップの4位、ペスカローロ組も1分29秒8で6位（クラス2位）と、どちらも好位置を占めた。

　前述のように激しい雨の中で開催されたレースでは、ビッグパワーを持て余す大排気量マシーンを尻目に、ベルトワーズ組が20周目には3位まで浮上した。しかし、その後は持病の点火系やクラッチにトラブルが相次ぎ、ピットストップを繰り返したことから順位を下げ、結局12位でレースを終えた。一方、ペスカローロ組は下位を低迷した末に、レース後半にヘッドガスケットを吹き抜いてリタイアとなった。

ところで、同じ週末にはドーバー海峡を隔てたルマンで恒例のテストデイが開催された。ポルシェとフェラーリの2大ワークスはブランズハッチとルマンの両方にマシーンを送り込んだが、さすがにマートラにはそれほどの余裕はなく、66年の初参加以来、初めてテストデイを欠席することとなった。

モンザ1000km
（1970年4月25日）

第4戦のモンザ1000kmには、ブランズハッチと同じ顔ぶれの2台が出場した（ただし、㊲ペスカローロ組のマシーンは［650-02］に変更）。エンジンはどちらも新型のMS12となり、高速コースに合わせて2台ともリアカウルがロングテール仕様とされていた。

なお、㊱ベルトワーズ組のマシーンはブランズハッチに続いて、フロントカウルの上側にウィングを装着していた。決勝がドライコンディションであったにもかかわらず装着されていたところを見ると、フロントのダウンフォースがやはり少なかったのかとも思われるが、ペスカローロ組のマシーンには装着されておらず､真相は不明である。

予選では、高速コースだけにポルシェやフェラーリなどの5ℓスポーツカーが上位を占め、ペス

第3戦のBOAC1000kmで、雨のブランズハッチを走るベルトワーズ（写真）／ブラバム組のMS650。
マシーンの前後にこのように大きなウィングを装着していた（もう1台の方は何も装着していなかったらしい）。（PP）

カローロ組が1分28秒34で12位（3ℓクラスでは2台のアルファ〔地元だけに大挙4台が出場〕に次ぐ3位）、ベルトワーズ組は1分28秒60で13位からのスタートとなった。

レース前の予想では、ポルシェとフェラーリの5ℓマシーンが総合優勝を争う一方、マートラはアルファとクラス優勝を争うものと思われた。ところが、アルファ勢のペースが予想したほど上がらず、ペスカローロ組が3ℓクラスのトップを走り、これをベルトワーズ組が追う展開となった。レースはそのまま終盤を迎えたが、ここでペスカローロ組はエンジンが不調となってペースダウン、これで前に出たベルトワーズ組が5位、ペスカローロ組も40秒差の6位でフィニッシュし、3ℓクラスでは上位2位を占める好成績となった。

なお、モンザの後、マートラ陣営は新型MS660の開発やルマンの準備を優先して、前年に続いて、タルガ・フローリオ、スパ・フランコルシャン、ニュルブルクリングの3レースを欠席した。

ルマン24時間
（1970年6月13/14日）

そして迎えた5度目のルマン。マートラの当初の計画では、このレースがデビューとなるMS660を複数台出場させる予定でいたが、その開発スケジュールは大幅に遅れ、結局レース本番に間に合ったのはわずか1台だけ。結局このマシーンはナンバーワン格のJ-P.ベルトワーズ／H.ペスカローロ組に託され、これを2台のMS650でバックアップする布陣が敷かれた。

ドライバーの顔ぶれだが、セルヴォツ-ギャバンは痛めた目の回復が思わしくなく、結局F1の

第4戦のモンザで6位に入賞したペスカローロ（写真）／セルヴォツ-ギャバン組のMS650。
終盤まで3ℓクラスのトップにいたが、エンジンの不調でその座をチームメイトに譲った。（EdF）

この年のルマンでようやくデビューしたMS660。左側の2台はプライベート・チームのフェラーリ512S。
背後に映画"栄光のルマン"撮影用のカメラカーとして使われたポルシェ 908/02も見える。(EdF)

モナコGPで予選落ちした後、引退したため、彼の代役として再びセヴェールがチームに加わった。また、3台目のマシーンには若手のジャン-ピエール・ジャブイーユとパトリック・ドゥパイエの2人が乗ることになった。ドライバーの組み合わせは以下のとおり。

㉚ J-P.ジャブイーユ/ P.ドゥパイエ組
　[650-03]
㉛ J-P.ベルトワーズ/ H.ペスカローロ組
　[660-02]
㉜ J.ブラバム/ F.セヴェール組
　[650-02+ロングテール]

予選は、大挙出場した5ℓスポーツカーが上位を独占するなか、ブラバム組が健闘して3分32秒2で3ℓクラストップの14位につけた。若手組は3分36秒3で20位(クラス4位)、期待されたMS660はやはり熟成不足が明らかで、タイムは3分36秒6に留まり、3台中一番後ろの21位に終わった。なお、ブラバム組は夜間の練習走行中に他車とからんでボディに大きなダメージを負ったものの、レースまでには修復された。

彼らが目標に掲げていた総合優勝は、5ℓスポーツカーの大挙出場によって可能性は極めて低くなってしまい、実際レースでは5ℓスポーツカーがトップグループを形成し、3ℓプロトタイプは彼らのハイペースについて行けなかった。それでも3台のマートラはレースの序盤は、安定したペースで周回を重ねた。

しかし、サーキットが暗闇に包まれる午後10時過ぎから、3台にトラブルが発生し始め、ピットストップを繰り返すようになる。まず、ブラバム組がオイルポンプの破損でピットに居座り、これにギアボックスが不調となったベルトワーズ組も

ルマンのメインスタンド前を通過するジャブイーユ／ドゥパイエ組のMS650。
すぐ後ろのマシーンは、マツダのロータリー・エンジンを搭載したシェヴロンB16である。（EdF）

加わった。そして11時過ぎに、長時間の作業も虚しく、2台ともリタイアに追い込まれた。そして最後に残ったジャブイーユ組のマシーンもその直後にディストリビューターのトラブルで姿を消し、こうして1時間も経たない間に全滅という惨憺たる結果となったのである。ただ、このレースについては、エンジンのピストンリングの材質に欠陥があり（その影響でオイル消費が非常に過大であったことは事実のようだが）、3台ともそれが原因でリタイアしたという資料も複数存在し、はたしてどれが真相かは不明である。

パリ1000km
（1970年10月18日）

1970年のマニュファクチュアラーズ・チャンピオンシップは、ルマンの後もワトキンズ・グレンとオーストリアの2戦が残っていたが、ルマンでの惨敗が尾を引いていたのか、マートラはどちらのレースにも姿を見せなかった。

それでも、66年以来毎年欠かさず出場していたシーズンオフ恒例のパリ1000kmだけは例外だったようで、この年もルマン以来4ヵ月ぶりにその姿を現わした。出場したのはMS660が2台。ドライバーは、J-P.ベルトワーズ／H.ペスカローロ組［660-02］と、J.ブラバム／F.セヴェール組［660-01］という顔ぶれである。

2台のうち、ベルトワーズ組のマシーンは、車体の軽量化などかなり改良が加えられていたようで、おそらくはその性能アップを確認するのが出場の狙いであったと思われる。なお、当時のレース雑誌では、ギアボックスがそれまでのZFからヒューランドに変更されたとする記事もあったが、これは事実ではないようだ。テールの形状は、ベルトワーズ組のマシーンは後端をカットした、いわゆるミニスカート仕様、ブラバム組はオリジナルのショートテール仕様であった。

レースは、マートラ以外にワークスチームが出場しなかったため、予選からマートラが速さを見せつける結果となった。ペスカローロが2分34秒0（前年のMS650のタイムを8秒短縮）でポールポジションを奪い、ブラバム組も2分36秒7で、プライベートのポルシェ917に次ぐ3位につけた。

レース序盤は、ポルシェ917とベルトワーズ組のマートラが首位を争ったが、917は20周も行かないうちにシフトミスによるオーバーレヴであっさり姿を消してしまい、その後はベルトワーズ組が独走し、ブラバム組が2位を走るという展開となった。

レースはそのまま終盤を迎え、ベルトワーズ組の勝利が濃厚となった矢先、彼らのマシーンが突然ピットに滑り込み、ベルトワーズはギアボックスの異常を訴えた。メカニックが慌ててチェックした結果、オイル漏れが判明し、オイルを補給してレースに復帰したが、1周しただけで再びピットに入り、二度とコースには出て行かなかった。レースは、首位に繰り上がったブラバム組がそのまま先頭でチェッカーを受け、マートラに2年連続の勝利をもたらした。なお、ベルトワーズ組も正式結果では4位と認められた。

ツール・ド・フランス
（1970年9月16日～25日）

ところで、マートラのプロトタイプが活躍した舞台は、サーキットレースに限定されたものではなかった。例えば、フランス国内のサーキットを巡って複数のレースを行ない、その総合成績で争われる伝統のイベント、ツール・ド・フランスにも出場したのである。この70年も2台のMS650が参加したので、ここで補足しておこう。

出場したのは、J-P.ベルトワーズ／P.ドゥパイエ／ジャン・トッド（現FIA会長）組の［650-03］と、H.ペスカローロ／J-P.ジャブイーユ／ジョニー・リブス（モータースポーツ・ジャーナリスト）組の［650-02］の2台。マシーンは公道走行に備えて、助手席の装備や灯火類の追加などの改造が加えられた。エンジンも当然、それなりのデチューンが施されていたものと思われる。

出場車の大部分は市販のGTなどで、マシーンの競争力ではマートラが飛び抜けた存在であった。唯一の懸念はマシーンの耐久性だったが、レースではそれを見事克服し、ベルトワーズ組が総合優勝に輝き、ペスカローロ組も2位でフィニッシュした。

◉1971年

ブエノスアイレス1000km
（1971年1月10日）

71年のマニュファクチュアラーズ・チャンピオンシップは、前年はノンチャンピオンシップとして開催され、この年から選手権に昇格したブエノスアイレス1000kmが、デイトナに代わって開幕戦とされた。だが、このレースでマートラは予想もしない事態に巻き込まれることになる。

マートラはこのレースに㉖J-P.ベルトワーズ／J-P.ジャブイーユ組のMS660［02］の1台だけを出場させた。前年のデビューが遅かっただけに、マシーンの基本的な部分は前年とそれほど大きな違いはなく、主に各部の熟成が図られたものと思われる。

予選では、ポルシェ917がポールポジションを奪い、このレースがデビューのフェラーリの3ℓプロトタイプ、312PBがいきなり2位につけて関係者を驚かせた。マートラは1分54秒65で6位、3ℓクラスでは前出のフェラーリとアルファの1台に次ぐ3位であった。

71年のシーズン前、南仏ポールリカールでテスト中のM660。59ページの写真と見比べると、ロールバーが助手席側まで伸びている点から71年仕様ということが分かる。（DPPI-Max Press）

上のマシーンを後方から見たショット。よく見ると、ヒューランドのギアボックスを装着しており、当時ヒューランドがテストされていたことを示す証拠写真である（実戦で投入されるのは73年以降）。（DPPI-Max Press）

レースの序盤は、ポルシェ917とフェラーリが首位争いを繰り広げ、マートラはアルファ勢とクラストップを争う展開となった。ところが37周目、5位を走っていたベルトワーズのマートラは、最終コーナーを立ち上がったところでガス欠となり、ストップしてしまう。ベルトワーズはマシーンを降りると、それほど離れていないピットまでマシーンを押しにかかった。ただ、ピットに戻るにはコースを横切らなければならなかった。そこにやって来たのが首位を走るフェラーリだった。そのステアリングを握っていたイグナツィオ・ギュンティは、ちょうど目前の周回遅れを抜きにかかろうとしていたため、マートラに気づくのが一瞬遅れた。フェラーリはマートラの左後部に激突、弾き飛ばされたマシーンは激しく燃え上がった。炎上するマシーンにとじ込められたギュンティはすぐにマシーンから救い出されたが、病院に向かう救急車の中で死亡するという惨事となったので

71年のルマンで、惜しくもリタイアに終わったものの、
中盤ずっと2位を走り続けるという大健闘を見せたベルトワーズ／エイモン（写真）組のMS660。（PP）

ある。

レース後、ベルトワーズは事故の責任を問われ、事情聴取の末に逮捕された。すぐに保釈されたとはいえ、その後業務上過失致死に問われ、3ヵ月間の資格停止という処分が下されることになった。

この事件の後、マートラは6月のルマンまで一度も選手権に姿を現わすことはなかった。最大の理由は、やはり事故の影響が尾を引いていたためと思われるが、もうひとつの要因として、翌72年からスポーツカーレースのレギュレーションが大幅に改定され、5ℓスポーツカーは締め出されて、3ℓプロトタイプだけで選手権のタイトルが争われることがすでに決定しており、新しいシーズンに向けて新型マシーン（後のMS670）の開発に例年より早めに着手していたことも背景にあったという。

ルマン24時間
（1971年6月12/13日）

アルゼンティンの事故の後、マートラがこの年の選手権に出場したのは、結局ルマンの1戦だけであった。いつもの年なら、ルマンの前にモンザなどでいわば肩ならしをして本番に臨むはずが、それがかなわなかったため、彼らは南仏ポールリカールに新たに開設されたばかりのコースで、MS660による二度の24時間耐久テストを実施した。しかし、結果は電気系やエンジンにトラブルが続出し、二度とも目標をクリアできずに終わった。このテストの影響もあってか、6月のルマン本番に出場したMS660はわずか1台㉜［660-01］に留まった。ドライバーは、謹慎が解けたベルトワーズと、この年からチームに加わったニュージーランド人のクリス・エイモンのコンビである。

予選結果は3分31秒9で16位。といっても、これは前年以上にポルシェ917やフェラーリ512Mといった5ℓスポーツが大挙出場したためで、3ℓクラスではマートラがトップであった。ただ、ライバルのフェラーリやアルファはこのレースに姿を見せず、競争相手としてはポルシェの古い908/02が4台いる程度で、クラストップといっ

ユノディエールの直線を行くベルトワーズのMS660。後ろに続いているのは、
このレースで最速ラップを記録したジョン・ワイア・チームのポルシェ 917LH。（EdF）

てもあまり威張れたものではなかった。

　ところが、決勝でマートラは予想外の大健闘を見せる。レースの序盤は5ℓスポーツカーの争いを横目に、堅実なペースで走り続け、やがて5ℓスポーツが徐々に脱落していくのに乗じて、レースの4分の1が経過した6時間目には6位、半分が経過した12時間目には4位に浮上した。

　さらに、深夜に上位のマシーンに相次いでトラブルが発生したことから、2日目の夜が明けた頃には、何とポルシェ917に次ぐ2位にまで上っていたのである。しかし、その健闘も長くは続かなかった。やがてエンジンにミスファイアが発生し始めてペースダウン。そして18時間目を目前にしたところで、エイモンの駆るMS660は燃料噴射のメータリング・ユニットにトラブルが発生し、ユノディエールのストレートでストップ、奮闘も空しくリタイアという結果に終わったのである。

1971年のマイナーレース

　ルマンの後、マートラ陣営は72年用の新型MS670の開発に全力を投入するため、チャンピオンシップの残りのレースへの出場を見送ったが、例によってフランス国内のレースにいくつか出場しているのでふれておこう。

　ルマンの1週間後、6月20日にフランス中部のクレルモンフェランで開催されたローカルレースに、ラリー出身で、これがマートラ初搭乗となるジェラール・ラルースがMS660［660-01］で出場し、3位でフィニッシュした。また、10月17日に開催された恒例のパリ1000kmには、ルマンと同じくJ-P.ベルトワーズ／C.エイモン組がMS660［660-01］で出場し、予選では2位につけたが、レースでは後半にギアボックスが破損してリタイアに終わり、3年連続の勝利はならなかった。

　また、前年に続いてツール・ド・フランス(9月18～28日）にも出場し、H.ペスカローロ／G.ラルース／J.リブス組のMS650［650-02］が2年連続の勝利をマートラにもたらしたが、もう1台出場した若手のベルナール・フィオレンティーノ／モーリス・ゲラン組のMS650［650-03］は、事故でリタイアという結果に終わった。

　マートラにとって71年は、初っ端のブエノスアイレスにおける予想外の出来事によって、ほとんど実りのないシーズンに終わり、望みは翌72年に託されることになった。そしてそれは大きな実を結ぶことになる。

MS660（1970年）

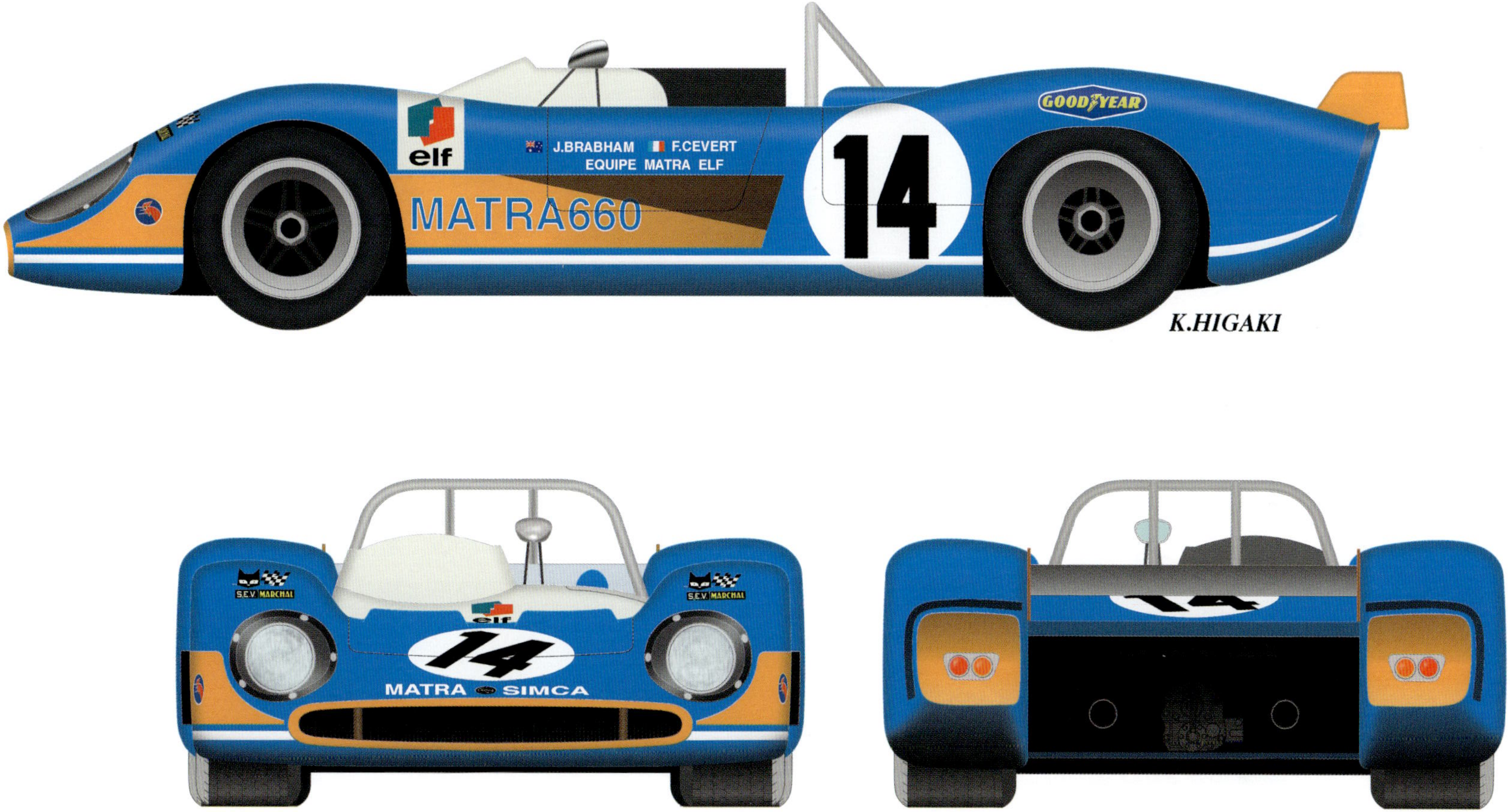

1970年10月18日のパリ1000kmで優勝したジャック・ブラバム／フランソワ・セヴェール組のMS660“01”。同じレースに出場したもう1台のテールは後端をカットしたミニスカート仕様であり、これにルマン用のロングテールを加えると、MS660には3種類のテールがあったことになる。

MS670（1972年）

1972年6月10／11日のルマン24時間で、マートラに記念すべきルマン初勝利をもたらしたアンリ・ペスカローロ／グレアム・ヒル組のMS670 "01"。出場４台中このマシーンのみがショートテール仕様であった。なお、ベルトワーズ組のマシーンもショートテールで走っている写真があるので、おそらく練習走行において本番ではどちらを使用するかが決定されたのだろう。

MS670（1973年）

1973年の第3戦ディジョン1000kmにおいて、ポールポジションからスタートしながら、タイヤトラブルのせいで3位に留まったベルトワーズ／セヴェール組のMS670 “03”。（EdF）

MS670B（1973年）

MS670B（1973年）

1973年6月9／10日のルマン24時間で優勝したアンリ・ペスカローロ／ジェラール・ラルース組のMS670B“02”。70年以降、側面の識別色は、ペスカローロの乗るマシーンが緑、ベルトワーズの乗るマシーンが白と決まっていた。写真で後ろに続いているのはシェヴロンB23とポルシェ・カレラRSR。（DPPI-Max Press）

TANES
TRA SIMCA
Shell

1974年の第２戦スパ1000kmで優勝したイクス／ジャリエ組のMS670C “B-04”。レース走行時（左ページ）とピットストップの場面。どちらの写真もステアリングを握っているのはイクスである。（2枚ともDPPI-Max Press）

MS670C（1974年）

1974年の第3戦ニュルブルクリング
1000kmで優勝したベルトワーズ／ジ
ャリエ組のMS670C“B-04”。左の写
真では、レースの序盤で早くも2位以
下に大差をつけている。（2枚ともEdF）

MS670C（1974年）

３枚とも1974年の第4戦イモラ1000kmに出場したMS670C。上はスタートに向けてローリング中の各車。右側の１番がポールポジションを獲得したベルトワーズ／ジャリエ組“B-04”、２番がペスカローロ／ラルース組“B-01”。右ページはペスカローロ組のピットストップ。（上：EdF、他：DPPI-Max Press）

GITANES
MATRA SIMCA
Shell

GITANES
MATRA SIMCA
Shell
S.E.V. MARCHAL

MS670C（1974年）

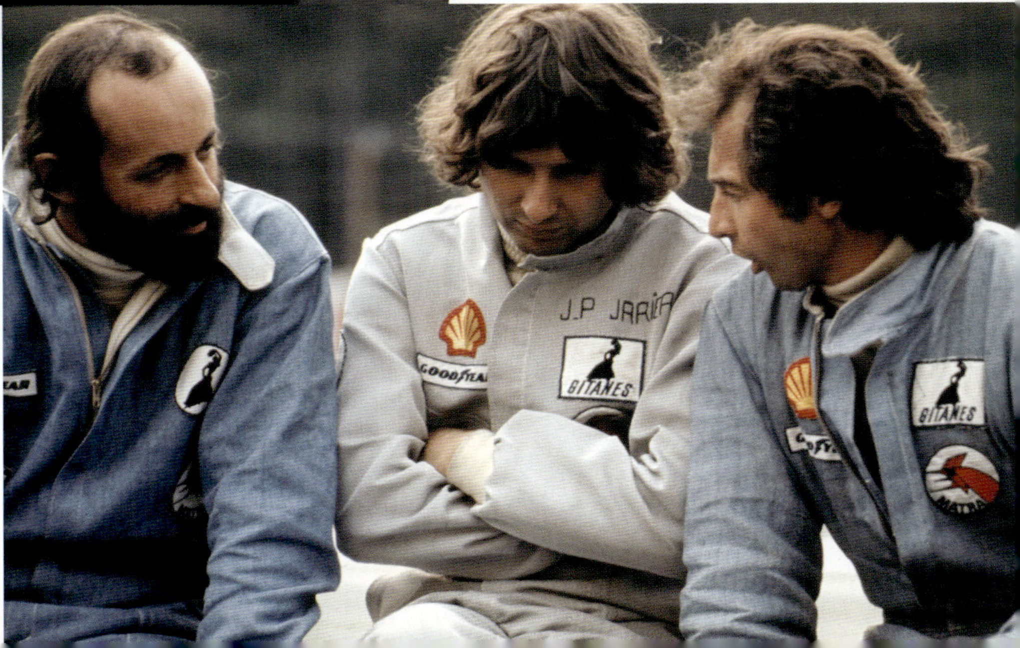

74年イモラの写真をもう2枚。上はレース前半のベルトワーズ組とペスカローロ組の編隊走行。下はレース前に何やら雑談中の3人のドライバー。左からペスカローロ、ジャリエ、ベルトワーズ。（DPPI-Max Press）

1974年のオーストリア1000kmでルマンから3連勝を飾ったペスカローロ／ラルース組のMS670C “B-01”。ステアリングを握っているのはラルース。（EdF）

MS680B（1974年）

1974年6月15／16日のルマン24時間に出場したジャン-ピエール・ベルトワーズ／ジャン-ピエール・ジャリエ組のMS680B“B-03”。ラジエターがボディサイドに移されたことにともない、ノーズの上面はダウンフォースを得られるよう大きく凹んだ形状に変更されている。

GOODWOOD FESTIVAL OF SPEED 2005

マートラのマシーンは、現在もヒストリックカーイベントなどに時折り姿を見せている。この２枚は、英国グッドウッドで毎年開催される“フェスティバル・オブ・スピード”の2005年に姿を見せた時のもの。上は、大事故でお蔵入りとなったが、その後レストアされてようやく陽の目を見たMS640、下はMS630M（69年のルマン仕様に復元されているが、出場車そのものかどうかは不明）。後ろに続くのはMS650（ツール・ド・フランス仕様！）、最後尾に鼻先が見えるのはMS620のようだ。（Y.Shimizu）

MS670
MS670B
MS670C
MS680B

第3章

V12エンジン時代［後期］

1972──1974年

MATRA

ルマンへの挑戦を開始して7年目、
積み重ねてきた努力がようやく実を結び、
ついに念願の初優勝をなし遂げたマートラは、
その後もルマンで3連覇を達成し、
そして新たなターゲットに定めた世界選手権においても
2年続けてタイトルを獲得するという
輝かしい足跡を残すこととなった。
その栄光に彩られた3シーズンにスポットを当てる。

MS670

◉1972年

ターゲットはルマンのみ

1972年、スポーツカーレースは大きな転機を迎えた。レギュレーションが改定されて、エンジン排気量が3ℓ以下に制限された結果、それまで主役を務めてきたポルシェ917やフェラーリ512といった5ℓスポーツカーは退場を余儀なくされ、過去2シーズンは脇役の感があった3ℓプロトタイプに再び主役の座が回ってきたのである。

新しい選手権は、明らかに当時のF1エンジンの流用を狙ったものであり、レギュレーションの改定に携わったCSI（国際スポーツ委員会）は、F1に参戦していたマートラも当然この新しい選手権に参戦するものと考えていた。ところが、当時のマートラは70年から復帰していたF1における活動で手一杯の状態であり、提携関係にあったクライスラー・フランスも新しい選手権にはまったく関心を示そうとはしなかった。

もっとも、彼らのお膝元で年に一度開催されるビッグイベント、ルマン24時間だけは別物であり、72年シーズンのマートラは、このルマン制覇の一点だけに目標を絞り、そのためにMS670と呼ばれる新型マシーンを開発した。

エンジンや駆動系については、MS660と大きな違いはなかったが（ZFのギアボックスが強化された程度）、モノコックはMS660をベースに設計し直され、これに風洞実験の結果が反映された新しいスタイリングのボディが架装された。足回りは基本的にMS660を踏襲していたが、MS660では前後とも15インチだったホイールは、前が13インチと小さくされたほか、リム幅が前11インチ、後ろ15インチに変更された。

シーズン前半、彼らは前年に続いて、南仏ポールリカールで耐久テストを繰り返し行なった。最初の2回はノートラブルで24時間を走り切ることができなかったが、3度目のテストでようやくその目標もクリアした。

それに先立ち、3年ぶりにルマン・テストデイ（3月18／19日）にも参加した。ただ、マシーンは開発中のMS670ではなく、ロングテール仕様のMS660だったが（フロントのタイヤはMS670と同じ13インチ径に変更）。この公開テストではセヴェールが3分41秒5をマークし、ワークス・フェラーリの2台の312PBに次ぐ3位につけた。3位といっても、フェラーリのベストタイムとは1秒1の差しかなかった。

この年の世界選手権は、前年から周到な準備を重ねていたフェラーリが開幕戦のブエノスアイレスからルマンの1戦前のニュルブルクリングまで8連勝を飾るという圧倒的な強さを発揮し、早々とタイトルを確定していた。また、前述のように3月のテストデイにも2台の312PBを参加させるなど、ルマンへの出場にも積極的な姿勢を見せていたことから、この年のルマンはフェラーリとマートラの激突が見られるものと予想され、レース前から大いに話題となった。

ところが、期待は裏切られた。本番のわずか10日前の6月1日、フェラーリは突然ルマンには参加しないと発表したのである。公表された理由は、マシーンがもともと1000kmのスプリントレース用として開発されたもので、24時間を走り抜くことは不可能というものだったが、第3戦のセブリング12時間では2200km近くを走り抜いて優勝を飾っていたのだから、この説明は説得力に欠ける。一説にはルマンの主催者であるACO（西部自動車クラブ）との関係悪化が理由とも、また直前にモンザで行なわれた耐久テストにおいて、駆動系に大きな弱点があることが判明したためともいわれているが、真相は不明である。

ともあれ、フェラーリの欠場によって、マートラは一躍この年のルマンの大本命と目されるようになった。3ℓプロトタイプとしては、アルファ・ロメオやローラも出場することになってはいたが、ルマン一本に的を絞って徹底的なテストを重ねていたマートラとは、競争力に大きな開きがあることは明らかであり、とてもマートラを脅かすような存在とは思えなかった。

ルマン24時間
(1972年6月10/11日)

こうして迎えたルマンの本番。マートラ陣営は、新型MS670を3台、前年の改良型のMS660C（コクピット周辺をFIAの新規定に合致するよう変更など）を1台という布陣でサルト・サーキットへと乗り込んだ。この年、F1に出場していたワークス・ドライバーはエイモンひとりだけであったため、ドライバーが不足する事態となり、一度はチームを離れたベルトワーズやペスカローロ、セヴェール、ジャブイーユらが復帰したのに加えて、グレアム・ヒル、ハウデン・ギャンレー、デイヴィド・ホッブスの3人のイギリス人が招聘された。出場したドライバーの顔ぶれとマシーンの組み合わせは以下のとおりである。

⑫ J-P.ベルトワーズ／ C.エイモン組

72年のルマンのスタートに向け、ローリングを開始するマシーン。マートラがフロントロウを独占している。
2列目の12番のマシーン、優勝候補の筆頭に挙げられていたベルトワーズ／エイモン組が2周目には早くも首位に立つが……。(EdF)

突然エンジントラブルに見舞われ、立ち往生してしまったベルトワーズ組のMS670B。リアカウルを持ち上げているのがベルトワーズ。このままリタイアに追い込まれた。（DPPI-Max Press）

雨の中、連なって走る2台のMS670。前がセヴェール／ギャンレー組、後ろが優勝したペスカローロ／ヒル組である。（PP）

（MS670／03）
⑭ F.セヴェール／ H.ギャンレー組（MS670／02）
⑮ H.ペスカローロ／ G.ヒル組（MS670／01）
⑯ J-P.ジャブイーユ／ D.ホップス組
（MS660C／660-03）

ちなみに、フランス人同士を組み合せなかったのは、どのマシーンが優勝しても必ずフランス人が乗っているようにするためだったという。なお、この8人のほかに、ラリー・ドライバーのベルナール・フィオレンティーノがリザーブとして控えていた。

出場した4台の間で、マシーンの仕様に細かな違いがあった。例えばエンジンについては、ナンバーワン格のベルトワーズ組はMS72と呼ばれる最新型の高出力仕様（450bhp、なおF1仕様は500bhpといわれていた）、セヴェール組はMS72の低出力仕様（435bhp）、ペスカローロ組は前年のMS12の高出力仕様（435bhp）、ジャブイーユ組はMS12の低出力仕様（420bhp）といった具合で、出力の差は主に燃焼室形状とカムシャフトの違いによるものであった。

リアカウルについては、ペスカローロ組以外の3台がロングテール仕様、ペスカローロ組はショートテール仕様を装着していた。ショートテールはロングテールに比べて、直線でのエンジンの伸びが300rpmほど欠けるものの、コーナーにおける安定性では勝っていた。

マートラの圧倒的優位は、予選の結果からすでに明らかであった。セヴェールが3分42秒2でポールポジションを獲得したばかりか、ペスカローロ組が3分44秒0で2位、ベルトワーズ組も3分46秒6で3位と、上位を独占してしまったのである（ジャブイーユ組は3分52秒6で7位）。

レースは午後4時、ローリングスタートで幕が切って落とされた。ところが、スタート直後にいきなりマートラ陣営の作戦を大きく狂わせる出来事が起きた。優勝候補の最右翼と目され、早くも首位に立ったベルトワーズ組のマシーンが2周目、ダンロップ・ブリッジ付近で突然スローダウン、エンジンのコンロッドが折れたのである。ベルトワーズは何とかピットまで戻ろうとしたが、コース後半のアルナージュまで来たところでマシーンから出火。火はすぐに消し止められたが、もはやリタイアするしかなかった。ちなみに、一度もステアリングを握れずに終わったエイモンは、レース前にすでにエンジンの不調に気づいており、交換を訴えたものの受け入れられなかったという。

レース序盤は、残る3台のマートラと、下馬評は低かったローラT280がトップグループを形成した。1時間目の順位はローラT280が首位、その後ろにカーナンバー順に3台のマートラが続く。

しかし、ローラはマイナートラブルで後退、また一時首位に立ったアルファの1台もやがてエンジンが不調となって後退したことで、その後はセヴェール組とペスカローロ組がピットストップ毎に首位の座を入れ替えるという、マートラにとっては理想的な展開となった。レース前の予想ではライバル視されていたアルファは、案の定マートラのスピードにまったくついて行けなかった。

4時間目の順位は、ペスカローロ組が首位、同一ラップでセヴェール組が続き、序盤にガス欠で遅れたジャブイーユ組は5周遅れの9位にいた。その後も、ピットストップのたびにセヴェール組とペスカローロ組の間で順位が入れ替わる展開が続き、レースの半分が過ぎた12時間目は、ペスカローロ組が首位、同一ラップでセヴェール組、そしてジャブイーユ組も3位まで浮上してきた（ただし上位2台から7周遅れ）。

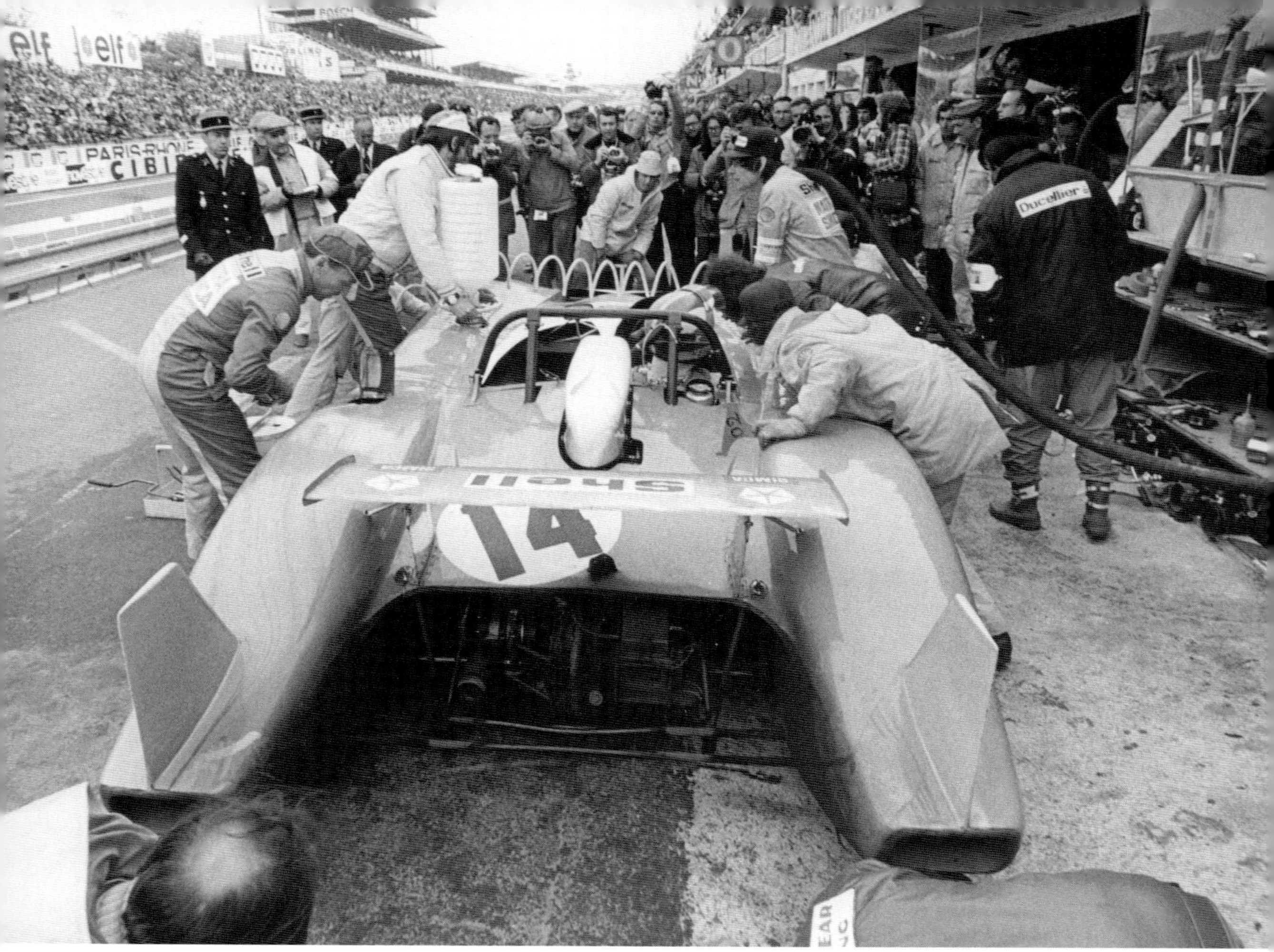

セヴェール組のピットストップ。テールが非常に長く見えるが、これはレンズのせいで、実際には84ページのベルトワーズ組のマシーンと同じ長さである。（PP）

レースも後半に入ると、セヴェール組がレースの主導権を握るようになり、やがて2日目の朝を迎えた。午前10時、レースも4分の3が経過した時点の順位は、セヴェール組が首位、1周遅れでペスカローロ組、9周遅れでジャブイーユ組が続く。

10時半頃になって、一時は止んでいた雨が再び降り始める。これがレースの展開に大きな影響を及ぼすことになった。首位のセヴェール組の電気系統が雨に濡れて不調となったのである。彼らはピットに入って修理を行なったが、その隙にペスカローロ組が首位に返り咲いた。セヴェール組の不運はこれだけに留まらなかった。2位で復帰した後、今度はギャンリーが濡れた路面に足をすくわれてスピン（周回遅れのスピンに巻き込まれたという資料もある）。破損したカウルの交換に10分以上費やし、その後も再び不調となった点火系のチェックなどの間に、ペスカローロ組に大差をつけられてしまい、優勝は絶望的となった。それでもまだ2位の座を守っていたのだから、いかにこの2台だけが飛び抜けて速かったかが分かる。

レースはそのまま終盤を迎え、もはやマートラの表彰台独占は間違いないかに思われた。だが、残り1時間を切ったところで、3位を走るジャブイーユ組はギアボックスが壊れてコース脇にストップ。マートラの表彰台独占の夢は水泡に帰した。

そして迎えた24時間目。ペスカローロとセヴェールの2台のMS670は並ぶようにしてチェッカーを受け、1966年の初出場以来の悲願であった優勝を、1−2フィニッシュという最高の形でマート

マートラに悲願のルマン初勝利をもたらしたペスカローロ（写真）／ヒル組のMS670。（PP）

ラにもたらしたのだった。

ちなみに、フランス車の優勝は1950年のタルボ以来22年ぶりのことであった。またペスカローロとともに優勝マシーンのステアリングを握ったグレアム・ヒルは、この勝利により、5回のモナコGP優勝を含むF1の年間チャンピオン（1962／68年）、インディ500マイル（1966年）と合わせて、世界の3大レースすべてを制した最初の人物となり、未だにこの記録に並ぶ者は現われていない。

◉1973年

世界選手権への挑戦

72年のルマンでついに悲願を達成したマートラは、対照的に不振に喘いでいたF1活動をこの年限りで打ち切り、翌73年はスポーツカーレースに専念、次の目標を世界選手権の制覇へと転じ、シリーズへのフル参戦に踏み切った。なお、パリ近郊のヴェリジイの本拠地から車体の開発部門が独立し、南仏ポールリカールの近郊に移転した（エンジン部門は従来のまま）。おそらくはポールリカールにおけるテスト上の便宜を考慮してのことと思われる。

マシーンは、前年のMS670に対してエンジンのパワーアップ（シーズン初期は475bhp前後）など、細部の熟成が図られた。またドライバーは、前年から残留したJ-P.ベルトワーズ、F.セヴェール、H.ペスカローロの3人に、ラリー出身のジェラール・ラルースが加わり、ベルトワーズ／セヴェール組とペスカローロ／ラルース組の2台がレギュラーとして選手権に出場することになった。

デイトナ24時間
(1973年2月3/4日)

前年の開幕戦ブエノスアイレスがこの年は最終戦に回されたことで、3年ぶりに開幕戦となったデイトナ（レース距離も前年の6時間から再び24時間に戻る）に、マートラはショートテール仕様のMS670［02］を1台送り込んだ。ドライバーは、③J-P.ベルトワーズ／F.セヴェール／H.ペスカローロという顔ぶれであった。

この年マートラにとって最大のライバルと目されていたフェラーリは姿を見せず、ジョン・ワイ

73年のシーズン前、体制発表の記者会見に臨むラガルデール（右端）。机の反対の端に座るのはエンジンの開発担当のチーフ、ジョルジュ・マルタン。（DPPI-Max Press）

記者会見に同席した73年のワークス・ドライバーたち。前列は向かって右から、ベルトワーズ、セヴェール、ラルース、ジャブイーユ。後列は、ベルトワーズとセヴェールの間に見えるのがペスカローロ、ラルースとジャブイーユの間がジョッソー。ラルースの影に隠れて見えないのはドゥパイエか？（DPPI-Max Press）

MS670のモノコックの後部。エンジンを支持するサブフレームが見えないので、エンジンがストレスメンバーとなっていたことが分かる。(DPPI-Max Press)

MS670の後部に搭載されたV12エンジン。(EdF)

73年の開幕戦デイトナ24時間に出場し、前半は首位を走ったもののリタイアに終わったベルトワーズ（写真）／セヴェール／ペスカロー口組のMS670。（DPPI-Max Press）

アのチームから出場した2台のミラージュが唯一の競争相手となった。予選では、競争力でマートラに劣ると見られていたミラージュがポールポジションを獲得し、マートラは2秒遅れの1分47秒542で2位に留まった。おそらく、予選のコンディションがあまり良くなかったことや、24時間の長丁場に備えてマシーンを温存したのではないかと思われる。

レース序盤はマートラと2台のミラージュがトップグループを形成し、3台の間で頻繁に順位を入れ替える展開となった。その後、ミラージュがマシーントラブルで相次いで脱落したため、6時間過ぎからはマートラが首位を独走する展開となり、一時は2位のポルシェ・カレラRSRに10周の大差をつけた。しかし、9時間過ぎ、日付が変わった直後にマートラは突然ピットに飛び込んできた。メカニックがさっそくチェックした結果、エンジンのコンロッドが折れていることが明らかとなり、もはやレースを諦めるしか術はなかった。

ヴァレルンガ6時間
（1973年3月25日）

いつもはデイトナの次に控えていたセブリングが選手権から除外されたため、ヨーロッパ・ラウンドの開幕戦として3月末にイタリア・ローマ近郊のヴァレルンガで行なわれた6時間レースが第2戦となった。マートラからは④ベルトワーズ／セヴェール組［03］と⑤ペスカローロ／ラルース組

第2戦のヴァレルンガでレースの前半、1、2位を走るマートラ勢。前がベルトワーズ組、後ろがペスカローロ組。
前者のノーズは後者より短かったというが、見ただけではほとんど区別がつかない。(PP)

[02] の2台が出場。一方、シーズン初登場となるフェラーリは、地元だけに3台を送り込んできた。

なお、マートラは2台の間でマシーンの仕様に違いがあった。ナンバーワン格のベルトワーズ組のマシーンは、車重がペスカローロ組より20kgほど軽く、ギアボックスもそれまでのZFに代えて、英国ヒューランド製の軽いDG300が装着されており、テストではペスカローロ組のマシーンより1周当たり1秒も速かった。

予選では、その性能差が如実に現われ、ベルトワーズ組が1分08秒55という驚異的なタイムをマークし、2位のフェラーリに1秒半の大差をつけてポールポジションを奪い、ペスカローロ組も1分10秒23で3位を占めた。

レースの序盤は予選2位のフェラーリがまず首位に立ったが、タイヤを酷使したのが響いてやがて後退、7周目からはベルトワーズ組が首位に立ち、ペスカローロ組も2位につけた。アンダーステアが強いフェラーリは、ツイスティなコースで苦戦を余儀なくされ、さらにトラブルも続出して2台のマートラに大差をつけられてしまう。

ところが、3時間半が経過したところで首位を独走していたベルトワーズ組のマシーンはテールから白煙を吐きながらピットに入ってきた。エンジンにオイル漏れが発生し、油圧が低下したのである。すぐにオイルを補給してレースに復帰したものの、結局1周も行かないうちにコース上でストップ、リタイアに追い込まれた。

このレースで優勝したペスカローロ組のピットストップ。
（DPPI-Max Press）

チェッカーを受けるペスカローロ組のMS670。といっても、万歳で優勝の喜びを爆発させているのは、リタイアした組からコンバートされたセヴェールである。（PP）

残るペスカローロ組のマートラもマイナートラブルで順位を落としていたため、レースの中盤は2台のフェラーリが上位を占める展開となった。そこでマートラ陣営は、リタイアした組からセヴェールをペスカローロ組へとコンバートした。こうしてペスカローロ組のマシーンに乗り換えたセヴェールは、さすがF1で活躍しているだけあり、前を行くフェラーリとの差をみるみる縮めていった。一方、追われる立場となったフェラーリはその後タイヤトラブルでペースダウンを余儀なくされてしまう。やがてセヴェールがあっさり首位に立つと、その後はフェラーリを1周で1秒ずつ引き離していき、そのままチェッカーを受けて、マートラにシーズン初優勝をもたらした。なお、2位は1分差でフェラーリ、以下4位までフェラーリが占めた。

ルマン・テストデイ
（1973年3月31日／4月1日）

ヴァレルンガの1週間後、恒例のルマン・テストデイが開催された。マートラからは、ベルトワーズとラルースの2人が、フロントを一部改造したロングテール仕様のMS670で参加した。フェラーリが姿を見せなかったこともあり、ベルトワーズが2日目に参加車中トップの3分36秒3を記録して、その速さを改めてアピールしてみせた（2位はミラージュの3分40秒7）。

ディジョン1000km
（1973年4月15日）

この年のルマン・テストデイに参加したMS670。写真のベルトワーズはトップタイムをマークした。前年のルマン仕様から、前後のカウルなどに手が加えられている。（DPPI-Max Press）

第3戦に予定されていた英国ブランズハッチのレースがキャンセルとなったため、フランス東部のディジョンで開催される1000kmレースが第3戦とされた。マートラからはヴァレルンガと同じ顔ぶれの2台が出場した。

予選では、好調の①セヴェールが59秒4でポールポジションを獲得し、②ペスカローロも59秒9で2位と、マートラがフロントロウを独占した。一方、このレースに2台体制で臨んだフェラーリは、ヴァレルンガ以上に曲がりくねったコースに悪戦苦闘を強いられ、1台が3位につけたものの、マートラとは1秒以上の差があった。

レースの序盤は、セヴェールとペスカローロの2台のマートラが、3位のフェラーリ以下をどんどん引き離していった。ところが、セヴェールのマシーンは20周前後から左前のタイヤにチャンキングを発生してペースダウン、タイヤ交換を行なったため7位に後退してしまう。それでも、持ち前の速さでレースの3分の1が経過した時点では、早くも2位に返り咲いたが、その後再びタイヤにトラブルが発生、二度にわたって交換を行なったため、優勝争いからは完全に脱落した。

一方、ペスカローロ組は何らトラブルに見舞われることなく、余裕で1000kmを走り抜き、開幕2連勝を飾った。2位は1周遅れでフェラーリ。ベルトワーズ組は終盤猛烈な追い上げを見せ、残り7分というところで前を行くフェラーリを抜いて3位でレースを終えた。

モンザ1000km
（1973年4月25日）

マートラからは例によってレギュラーの2台が出場。ただし、⑥ペスカローロ組のマシーンは、過去2戦で使用した［02］から、⑦ベルトワーズ組と同じヒューランド製ギアボックスと軽量の車体を備える［01］に変更された（もっとも練習中にデ

第3戦のディジョンで連勝を飾ったペスカローロ／ラルース組。背景から起伏に富んだツイスティなコースの性格が分かるだろう。（EdF）

ディジョンでピット作業中のベルトワーズ組のマシーン。後方中央のサングラスの人物は、当時技術陣の一員で、後にF1でデザイナーとして名を馳せることになるジェラール・ドゥカルージュである。（DPPI-Max Press）

MS670から降ろされたV12エンジン。手前のメカニックと比べて小さく見えるが、これもレンズのせいである。（DPPI-Max Press）

フを壊してしまったため、レース本番のギアボックスはZFに戻されたが）。一方、ライバルのフェラーリは地元でのレースということで再び3台体制で臨み、また前後の重量配分の見直しなどにより、過去2戦で苦しめられたハンドリングもかなり改善されていた。

予選では、セヴェールが1分21秒13で2戦連続のポールポジションを獲得したが、競争力がアップしたフェラーリもエースのジャッキー・イクスが1分21秒80をマークし、ペスカローロ組（1分22秒26）を抑えて2位につけ、マートラのフロントロウ独占を阻止した。

レースは、スタート直後からセヴェール／ベルトワーズ組のマートラとイクス／ブライアン・レッドマン組のフェラーリが熾烈な首位争いを繰り広げ、これにペスカローロ組が続くという展開で進んだ。

しかし、レースの半分を超えた54周目、3位にいたペスカローロ組は左前のサスペンションのスタッブアクスルが破損、影響はブレーキにも及んでおり、修理に10周以上を費やしたため、大きく後退してしまう。

イクス組のフェラーリとベルトワーズ組のマートラの争いは、レース後半も続いた。だが130周目、ベルトワーズ組のマシーンは突然ピットに滑り込み、振動の悪化を訴えた。最初はタイヤに原因があるものと推測され、まず後輪、次に前輪を交換してみたものの振動は消えず、再度チェック

モンザのレース序盤、首位を争うベルトワーズのマートラMS670とジャッキー・イクスのフェラーリ312PB（1番）。(EdF)

レースの前半はサスペンション・トラブルで順位を下げながらも、後半に追い上げて3位でフィニッシュしたペスカローロ組のMS670。(EdF)

モンザでピットに入り、作業中のペスカローロ組のマシーン。コクピットのドライバーはラルース。（EdF）

した結果、ペスカローロ組と同じトラブルであることが判明し、結局リタイアへと追いやられた。なお、トラブルの原因については、後に部品の製造不良によるものと判明した。

レースは、ベルトワーズ組の脱落でレース後半は独走となったイクス組がフェラーリにシーズン初勝利をもたらした。こうしてマートラの3連勝はならなかったが、ペスカローロ組がレース後半素晴らしい挽回を見せて、3位でフィニッシュしたのがせめてもの慰めとなった。

スパ・フランコルシャン1000km
（1973年5月6日）

このレースにもマートラはそれまでと同じく2台のMS670を送り込んだが、ドライバーの顔ぶれに一部変化があった。当時、このレースの舞台となるスパ・フランコルシャンに対して危険という批判が高まっており、ベルトワーズとセヴェールの2人は出場を回避したのである。当初はペスカローロ／ラルース組［01］の1台だけを出場させることも検討されたが、モンザの敗戦で失ったポイントを取り戻すためにも、やはり2台を投入するべきと判断され、前年のルマンに出場したクリス・エイモンとグレアム・ヒルの2人がスポットで［03］を走らせることになった。

ところが、予選前の練習中に思わぬ事件が起きる。ペスカローロ組のマシーンがエンジンのオイル漏れから出火、［01］は全焼してしまったのである。そこでペスカーロとラルースの2人は、予選では残った［03］をエイモン組と交互にドライブし、レース本番までに[01]の修復が間に合わない場合には、ペスカローロとエイモンのコンビが[03]で出場することになった。

予選では、地元出身のフェラーリのエース、イクスが3分12秒7を叩き出し、フェラーリにシーズン初のポールポジションをもたらした。マートラ勢は、④ペスカローロ組が3分13秒8で2位、③エイモン組は3分18秒9で7位。なお、事故で燃えた[01]は、突貫作業の末に何とか修復され、決勝のスタートに間に合わせることができた。

レースでは、ペスカローロ組がスタートから首位に立つと、2位以下を徐々に引き離し始めたが、そのリードも長くは続かなかった。12周目、タイヤのチャンキングでピットイン、復帰後もタイヤが立て続けにパンクしたため、一時は首位から4周遅れの18位まで後退した。

一方のエイモン組も、スタート直後こそ上位にいたが、その後は次第に順位を下げ、またエイモンから交代したヒルのペースが非常に遅かったことや、タイヤのパンクもあって下位を低迷した挙げ句に、レース中盤、オーバーヒートでヘッドガスケットを吹き抜いてリタイアとなった。

レース後半、ペスカローロ組（リタイアした組からエイモンも加わる）は激しい追い上げを見せて、順位をどんどん取り戻していった。レースは、マートラの脱落でフェラーリの楽勝かと思われた

第5戦のスパにスポットで出場したエイモン（写真）／ヒル組のマシーン。だが、レースではヘッドガスケットを吹き抜いてリタイア。（DPPI-Max Press）

タイヤトラブルに泣かされながらも、3位でフィニッシュしたペスカロー口組。この写真でもエイモンがステアリングを握っているが、自身の組がリタイアした後、乗り換えたものである。(PP)

が、彼らも電気系やギアボックスにトラブルが相次いで後退、レース前は優勝候補にも挙げられていなかったミラージュが1－2フィニッシュを飾るという大番狂わせとなり、ペスカローロ組が3周遅れの3位でフィニッシュした。

ニュルブルクリング1000km
（1973年5月27日）

スパの次の選手権レースはタルガ・フローリオだったが、マートラ陣営はいつもの年と同じく、この公道レースには関心を示さなかったため、MS670の次の出番は5月末にドイツ東部、アイフェル山中のニュルブルクリングで開催される1000kmレースとなった。このレースは毎年、ルマンの直前に開催されていたため、ルマンの準備を優先していたマートラはそれまで一度も出場したことがなく、これが初の挑戦となった。

出場したのは、いつもの④ベルトワーズ／セヴェール組［03］と⑤ペスカローロ／ラルース組［01］の2台。予選では、フォーミュラのレースでこのコースを熟知するセヴェールが7分12秒8を叩き出してポールポジションを獲得した。ペスカローロ組は7分19秒9でフェラーリとアルファに次ぐ4位。

レースでは、セヴェールが好スタートから首位に立ったが、ペスカローロ組はわずか5kmを走っただけでコンロッドが折れ、早くも姿を消した。セヴェールはその後も最速ラップを記録しながら

ニュルブルクリングでレースの序盤をリードしながら、エンジントラブルで脱落したベルトワーズ／セヴェール（写真）組のMS670。（DPPI-Max Press）

ニュルブルクリングのパドックで、ファンのサインの求めに気やすく応じるドライバーたち（左からセヴェール、ベルトワーズ、ペスカローロ）。（EdF）

首位を走り続け、7周を終えたところでベルトワーズに交代、首位のままレースに復帰した。だが、2位に23秒の大差をつけていた13周目、彼らもまたエンジントラブルに見舞われてリタイアに追い込まれ、レースの3分の1も行かないうちにマートラ勢は全滅という、最悪の結果となった。なお、2台のトラブルの原因は潤滑系にあり、次のルマンまでには対策が施された。

レースは、フェラーリの1－2フィニッシュという結果に終わり、チャンピオンシップ・ポイントにおけるフェラーリとマートラの差はこれで一気に広がった。

ルマン24時間
(1973年6月9/10日)

この年のルマンは前年とは対照的に、レース前から大いに盛り上がりを見せた。前年は欠場したフェラーリが、ワークスとしては3年ぶりに出場に踏み切ったことで、マートラとの激突に注目が集まったからである。

マートラは前年と同じ4台体制でこのレースに臨んだ。内訳は、このルマンに向けて開発したMS670Bが3台と、従来仕様のMS670が1台という陣容である。

MS670Bの変更点は、主にマシーンの後部に集中していた。まず、ボディラインを低めて空気抵抗を減らすために、リアのタイヤ径がMS670の15インチから13インチへと小さくされ、これにともなってリア・サスペンションのジオメトリーが変更された。また、リアブレーキがインボード化されたが（MS670はアウトボードのまま）、これもタイヤ径の縮小で従来の径のブレーキディスクをホイール内に収めることが困難になったためと思われる。

MS670Bのもうひとつの大きな特徴はギアボックスだった。ポルシェが設計・製作した5段仕様（シンクロ付き）を装着していたのである。これはそれまでのZFやヒューランドより大きく重かっ

ルマンを走るベルトワーズ／セヴェール（写真）組のMS670B。87ページに掲載した前年のルマン出場車と比較すると、後輪の13インチ化でリアカウルの高さが確かに低くなっている。（DPPI-Max Press）

たが、耐久性に優れていたことが評価されたものだった。なお、エンジンについては、最高出力がスプリント仕様の480bhpから450bhpまでデチューンされた程度。また前年とは異なり、4台の間で大きな性能差はなかったようである。

ドライバーは、この年のレギュラー4人に、セミレギュラーのジョッソーとジャブイーユの2人を加えた6人がMS670Bに乗り、パトリック・ドゥパイエとボブ・ウォレックの若手2人にMS670が託された。リザーブ・ドライバーには、前年に続いてフィオレンティーノが控える。なお、この年のドライバーは全員フランス人であり、マシーン、ドライバーともすべてフランス産による勝利をという強い意気込みがうかがえた。出場したドライバーとマシーンの組み合わせは以下のとおりである。

⑩ J-P.ベルトワーズ／ F.セヴェール組（MS670B-03）

⑪ H.ペスカローロ／G.ラルース組（MS670B-02）

⑫ J-P.ジョッソー／ J-P.ジャブイーユ組（MS670B-01）

⑭ P.ドゥパイエ／ B.ウォレック組（MS670-02）

予選では、久しぶりのルマンということで意気込むフェラーリ勢がフロントロウを独占した。一方マートラは、ベルトワーズ組が3位（3分39秒9）、ペスカローロ組が4位（3分41秒8）、ジョッソー組が6位（3分44秒7）、ドゥパイエ組が7位（3分45

この年のマートラの新兵器、ポルシェ製の5段ギアボックス。ZFやヒューランドと比べて明らかにゴツイ。（EdF）

秒3)という結果であった。

決勝は、“ウサギ”役（スタートから先行し、ライバルをハイペースの争いに巻き込んで消耗させる役割）を命じられていたポールシッターのフェラーリがまず飛び出し、その後ろに4台のマートラが続いた。やがて首位のフェラーリはコクピット内に燃料が漏れ出すトラブルで後退、代わって3時間目にはセヴェール組のマートラが首位に立ち、4時間目にはマートラが1、3、4位を占めていた。

ところが、皮肉なことに改良の目玉、13インチ径に変更したリアタイヤがトラブルの原因となった。4時間目、8位にいたジョッソー組のマシーンがユノディエールのストレートを走行中、剥がれたタイヤのトレッドでサスペンションを傷めて後退。それから間もなく、首位を走っていたベルトワーズ組も同じトラブルに見舞われ、これまた修理の間に順位を大きく落とした（結局このトラブルの影響で12時間目にリタイア)。さらに、ベルトワーズ組の後退で首位に立ったドゥパイエ組も、その1時間後にオイルポンプのトラブルでベアリングが焼き付き、後退を強いられた(8時間目にエンジントラブルでリタイア)。

マートラ勢の相次ぐトラブルで、6時間目からはフェラーリの1台が首位に立ち、マートラ勢の希望は2位を走るペスカローロ組に託されることになった。首位のフェラーリは5時間にわたってその座を守ったが、やがてエンジントラブルで脱

コース後半のポルシェ・カーブを走る2台のMS670B。前がペスカローロ組、後ろがジョッソー組。
その後ろに続くのは、我が国から初めてルマンに挑戦したシグマMC73である。(PP)

このレースを制したペスカローロ組のMS670B。後ろに続くフェラーリ312PBとリジェ JS2はどちらもリタイア。（EdF）

フィニッシュ直後、コースになだれ込んだ大観衆に囲まれたウィニングマシーン。ドライバーたちはすでに中央の表彰台に上がっている。（EdF）

落、その後はJ.イクス／B.レッドマン組のフェラーリと、ペスカローロ／ラルース組のマートラの一騎打ちとなる。

2日目の朝、首位にいたイクス組のフェラーリは排気管を破損し、30分近い修理の間にペスカローロ組が首位に浮上した。さらに、残り5時間余りとなった頃、フェラーリは他の1台同様コクピット内に燃料が漏れ出すトラブルでピットイン、修理にこれまた30分を費やしたため、レースに復帰した時にはペスカローロ組との差は6周まで開き、もはや勝負はあったかに見えた。

ところが、今度はペスカローロ組にトラブルが発生する。やがて燃料補給に入った彼らのマシーンが復帰しようとしたところ、エンジンが再始動しなかったのである。メカニックがあわててリアカウルを開け、チェックを行なうその横をイクス組のフェラーリが通過して行った。マートラがようやくピットを離れたのはそれから20分近く経ってからだったが、このトラブルで一時は6周まで開いたフェラーリとの差は1周に縮まり、レースの行方はまた分からなくなった。だが、残り1時間半となったところで、イクス組のフェラーリはエンジントラブルでピットに入り、二度とコースに出て行くことはなかった。こうして激戦に決着がついた。

レースは、ペスカローロ／ラルース組が優勝を飾り（マートラとペスカローロは2年連続）。2位はフェラーリ（6周遅れ）。そして序盤のタイヤトラブルで一度は後退を余儀なくされながら、復帰後見事な挽回を見せたジョッソー組のマートラが、2位と同ラップの3位でフィニッシュした。前年のレースで念願の初優勝を飾ったとはいえ、ライバルらしいライバルのいないレースだっただけに、強敵と大接戦を繰り広げた末に勝ち取ったこの年の勝利は、マートラ陣営にとっては前年以上に感慨深いものであったに違いない。

オーストリア1000km
（1973年6月24日）

ルマンでは連覇を達成したものの、選手権の獲得ポイントでは、マートラは84点と、フェラーリの110点に大きくリードされていた。マシーンの

第9戦のオーストリアでシーズン4勝目を挙げたペスカローロ組のMS670。（DPPI-Max Press）

ポールポジションを奪いながら、またしても些細なトラブルで勝利を逃したベルトワーズ組のマシーン。(DPPI-Max Press)

速さ自体はマートラが勝っていたが、フェラーリはタルガ・フローリオ以外のレースでコンスタントに得点を稼いでいたのに対して（デイトナの2位はGTマシーンのデイトナのおかげだったが）、マートラはデイトナ、タルガ、ニュルブルクリングでのノーポイントが響いていた。

選手権の次のレースはオーストリア1000km。マートラ陣営はフェラーリの勝利を何とか阻止しようと、一時は大量エントリーも考えたが、パーツ不足のために断念、いつものように⑩ベルトワーズ／セヴェール組［03］と⑪ペスカローロ／ラルース組［01］の2台が出場した。マシーンはどちらもルマンの時のMS670BからMS670に戻されていた。

予選では、セヴェールが1分37秒64を記録してニュルブルクリング以来のポールポジションを獲得した。ちなみにこのタイムは、前年8月に同じサーキットで開催されたF1オーストリアGPの最速ラップ(デニス・ハルムのマクラーレンM23の1分38秒32）を破る驚異的なものであった。またラルースも1分38秒94で2位につけ、第3戦ディジョン以来のマートラのフロントロウ独占となった。

レースでは、スタートから2台のマートラが飛び出し、その後もスリップストリームを使い合いながらフェラーリ勢との差を徐々に広げていった。ただ、ベルトワーズ組のマシーンは燃料ポンプの不調でタンクの燃料を充分吸い出せないことがやがて明らかになり、ピットストップの回数を増やさざるを得なくなったため、ペスカローロ組に先行を許してしまう。結局ペスカローロ組がシーズン4勝目を飾り、ベルトワーズ組も1周遅れの2位と、マートラにとってシーズン初の1－2フィニッシュとなった。

この勝利により、9戦が終了した時点でのマートラの獲得ポイントは104点となり、フェラーリ(122点)に18点差に迫った。

ワトキンズ・グレン6時間
(1973年7月21日)

この年の第10戦は、アメリカ東海岸のワトキンズ・グレンで開催される6時間レースだった。タイトル獲得のために少しでもポイントを稼ぎたい

最終戦のワトキンズ・グレンも制し、3連勝でシーズンを締めくくったペスカローロ組のMS670。（DPPI-Max Press）

一方のベルトワーズ組は、序盤にフェラーリに追突、このように左前部にダメージを負ったのが響いて、またもや勝利を逸する結果となった。（DPPI-Max Press）

マートラとフェラーリはどちらも遠征に踏み切った。地元でのレースでもないのに3台を送り込んだフェラーリに対して、マートラはいつもの2台でこれに対抗した。オーストリアにおける快勝で、マシーンのポテンシャルに自信を深めていたことの現われともいえるだろう。

マシーンは、㉝ペスカローロ組がいつものMS670［03］であったのに対して、㉜ベルトワーズ組はMS670B［01］に変更されていた。といっても、ルマンで問題となったリアのタイヤ径は13インチから15インチに変更され、それにともなってリアカウル（ショートテール仕様）やリアブレーキ（冷却性の向上）にも変更が加えられていた。

予選では、セヴェールが1分42秒273でポールポジション、ペスカローロ組も1分43秒91で2位と、オーストリアに続いてフロントロウを独占し、その後ろに3台のフェラーリが続いていた。

レース当日は雨模様となり、路面が濡れた状態でスタートが切られた。序盤はルマンと同じく“ウサギ”役のフェラーリがまず先行する展開となったが、10周目、セヴェールのマシーンは周回遅れに前を塞がれて急ブレーキを踏んだフェラーリに追突、左前部にダメージを負い、その修理で3周を失ってしまう。

やがて路面が乾き始めると、フェラーリとマートラのペースが逆転。16周目にはペスカローロ組が首位のフェラーリを抜いて、リーダーの座についた。その後は彼らの独走となり、そのままシー

ペスカローロ組のピットストップ。コクピットのラルースに声をかけている手前の人物はドゥカルージュだろう。（DPPI-Max Press）

ズンの5勝目（ルマンから3連勝）を挙げた。2位は2周遅れのフェラーリ。序盤の追突で遅れたベルトワーズ組は、復帰後追い上げたものの、レース終盤に電気系のトラブルでリタイアとなった。

ワトキンズ・グレンのレースの結果、マートラの獲得ポイントは124点、一方フェラーリは137点と、まだフェラーリが上回っていた。しかし、この年のランキングは有効得点（上位8戦の合計）で争われることになっており、これで計算した場合、無得点のレースが多かったマートラが124点のままだったのに対して、着実に得点を稼いでいたフェラーリは127点まで減ることになり、その差はわずか3点しかなかった。

いずれにしても、タイトルの決着は10月21日に予定されていた最終戦のブエノスアイレスでつくはずだった。ところが、ブエノスアイレスのレースは諸般の事情から結局キャンセルされてしまった。これにより、有効得点の対象も上位8戦から上位7戦に減らされ、マートラが124点のままだったのに対してフェラーリの得点が115点に減らされてしまったため、マートラが逆転でチャンピオンに輝いたのである。

◉1974年

MS670Cの開発

マートラは翌74年のシーズンも、引き続き世界選手権に挑戦した。一方、最大のライバルであったフェラーリはF1に専念するためにスポーツカーレースからの撤退を発表した。他のライバルたちはというと、アルファ・ロメオは前年から投入した水平対向12気筒エンジンの熟成が思うように進んでおらず、またミラージュは速さの点で明らかに劣勢にあったため、74年シーズンもマートラの天下が続くものと予想された。

この年のマシーンはMS670Cへと進化した。といっても、シャシーナンバーは“MS670B-＊”、つまり“01”から“03”の３台は前年のルマンで使用したマシーンを改造したもの、そして“04”以降はこの年のために新たに製作されたものであった。

前年のMS670からの変化としては、まずボディスタイリングが挙げられる。フロント部分が前年よりオーバーハングの短い形状となり、前端のラジエターのエアインテークも角張ったものに変更された。また、前年のフロント部分はボディの中央部分と一体となっていたが、事故などでダメージを負った時に修理しやすいよう、脱着が可能なカウルに変更された。おそらく前年の最終戦ワトキンズ・グレンにおける追突事故の教訓と思われる。

リアカウルも細部の形状が見直されたほか、インダクションボックスは充填効率を高めるために開口部が高い位置に移され、また空気抵抗を減らすためにドライバー側にオフセットされた形状となった。足回りは、前年のワトキンズ・グレンに出場したベルトワーズ組のマシーンのように、リアタイヤは15インチ径のものが装着され、これに合わせてサスペンションのジオメトリーも変更された。

エンジンも、MS73と呼ばれる改良型に進化し、シリンダーヘッドやピストンなどの変更により、最高出力は前年から10bhpアップの490bhpとなった。ギアボックスも、同じヒューランド製ながら、DG300よりさらに軽量のTL200（前年のシーズン中に練習などでトライ済み）に変更された（DG300のままとする説もある）。ただし、ルマンは前年同様、ポルシェ製が使用された。

体制面では、タバコメーカーのジタンが新たにスポンサーについた。ドライバーは、ペスカローロとラルースのコンビは変わりなかったが、ベル

74年の開幕戦モンザを走るベルトワーズ組のMS670C。前年のMS670とはラジエターのエアインテークやインダクションボックスの形状の違いが簡単な識別点となる。（DPPI-Max Press）

レースの序盤、ベルトワーズ組のマシーンはリアウィングがこのように折れてしまった。おそらく、すぐ新品のカウルに交換されたのだろうが、それも無駄に終わる。（EdF）

トワーズ組については、前年のシーズン終盤のF1アメリカGPで事故死を遂げたセヴェールの後釜として、ジャン-ピエール・ジャリエがステアリングを握ることになった。

MS670Cが初めて公の前に登場したのは、3月23／24日に行なわれた恒例のルマン・テストデイであった。1台（ギアボックスはポルシェ）が参加し、ベルトワーズが3分35秒5と、アルファ・ロメオ（3分31秒0）に次ぐ2位のタイムを記録している。

モンザ1000km
（1974年4月25日）

74年のチャンピオンシップは、4月末のモンザで幕が切って落とされた。マートラからは①ベルトワーズ／ジャリエ組［670B-04／新車］と、②ペスカローロ／ラルース組［670B-01／前年のルマン出場車を改造］の2台のMS670Cが出場。これに対して、地元のアルファ・ロメオは3台体制でこれを迎え撃った。

予選では、シーズンオフの改良でようやく競争力が上向きつつあったアルファ・ロメオの1台が1分28秒26をマークし、マートラを抑えてポールポジションを獲得、マートラはペスカローロ組が1分29秒20で2位、ベルトワーズ組は1分29秒80でアルファに次ぐ4位という順位であった。

雨模様の中でスタートしたレースでは、ペスカローロ組のマートラがまず首位に立ち、ベルトワーズ組も3位につけた。その後、後者のリアウィングが折れるという珍しいトラブルが発生したが、走行にはそれほど影響はなかったという。

11周目、首位を走っていたペスカローロ組がエンジントラブルでストップ、リタイアに追い込まれた。その後はベルトワーズ組のマートラとポールシッターのアルファが首位争いを繰り広げたが、ベルトワーズ組もレース中盤の65周目にやはりエンジントラブルに見舞われ、リタイアに追い込まれた。こうしてマートラは全滅の憂き目に遭い、レースはアルファ・ロメオが表彰台を独占するという番狂わせで幕を閉じた。なお、2台のエンジントラブルの原因は、コンロッドの製造欠陥

第2戦のスパで優勝したイクス（写真）／ジャリエ組のMS670C。当時F1ではふるわなかったイクスだが、熟知するこのコースでは水を得た魚のごとく目覚しい走りを見せた。（DPPI-Max Press）

スパのヘアピンをクリアするジャリエのMS670C。彼がステアリングを握った時間はイクスよりずっと少なかったという。（PP）

と後日判明し、対策が実施された。

スパ・フランコルシャン1000km
（1974年5月5日）

このレースはモンザからわずか10日後に開催されたため、アルファ・ロメオは準備の時間が足りないとして姿を見せなかった。これに対してマートラはいつものように2台を出場させたが、4人のドライバーのうち、ベルトワーズは前年に続いてコースの危険性を理由に参加しなかった。そこで彼の代役として、欠場したアルファ・ロメオから、地元出身でこのコースを得意とするジャッキ

レース前、何やら言葉を交わすウィニングコンビ、ジャリエ（左）とイクス。このコースの攻略法でも聞いているのだろうか。（PP）

ー・イクスがスポットで加わり、ジャリエ（こちらはイクスと対照的にこのコースは初体験）と組むことになった。ちなみに、初めてMS670Cのステアリングを握ったイクスは、当時彼がF1で乗っていたロータス72よりも優秀と高く評価した。

雨模様の中で行なわれた予選では、雨の合間をうまく利用したミラージュがポールポジションを獲得した。一方マートラは、エンジンにトラブルが相次いだこともあり（そのためドライバーたちにはエンジンの回転数をいつもより400rpmほど抑えて走るよう指令が出されたという）、④イクス組［670B-04］がミラージュから1秒遅れの3分24秒9で2位、③ペスカローロ組［670B-01］は3分25秒6で3位からのスタートとなった。

しかし、レース本番は一方的な展開となる。このコースを熟知するイクスがスタートから飛び出すと、その後も快調に首位を走り続けたのである。ただ、ペスカローロ組の方はわずか4周しただけで、ウォーターポンプのトラブルからエンジンがオーバーヒートを起こし、早々と姿を消した。また、マートラを脅かす可能性があった唯一の存在ミラージュも、序盤こそイクス組に食らいついたが、その後は燃料系統のトラブルやスピンなどで後退、イクス組を追い上げるどころか、2位の座を守るのに精一杯だった。

レースは、その後も独走を続けたイクス組（実際ジャリエがステアリングを握った時間はイクスに比べて大幅に少なかった）が完璧なレース運び

ニュルブルクリングのレース序盤、ペスカローロが3位以下を抑えている間に、ジャリエはこれだけリードを広げてしまった。（DPPI-Max Press）

ニュルブルクリング名物のジャンピングスポットで、一瞬宙に浮くベルトワーズのMS670C。(PP)

チェッカーを受けた後、メカニックに押されて表彰台へと向かうベルトワーズ(左)とジャリエの乗ったマシーン。(DPPI-Max Press)

で優勝を飾り、開幕戦での屈辱を晴らした。

ニュルブルクリング1000km
(1974年5月19日)

第3戦のニュルブルクリング（レースの名称は1000kmとなっていたが、当時世界を揺るがしていた石油危機の影響で、実際には750km）もレギュラーの2台が出場した。なお、スパの予選で相次いだエンジントラブルは、原因となったピストンやコンロッドに対策が施された。

予選では、②ペスカローロ組［670B-01］が7分10秒8でポールポジションを奪い、①ベルトワーズ組［670B-04］も7分12秒6で2位と、マートラがフロントロウを独占した。セカンドロウにはこのレースから復帰したアルファ・ロメオが続く。

決勝では、ジャリエがスタートから飛び出すと、ペスカローロが後続を抑えている隙に、リードをどんどん広げていった。5周を終えた時点でペスカローロとの差は15秒まで開き、その後も快調に首位を走り続けた。一方2位のペスカローロ組は、レース中盤にエンジンが不調となってピットイン、20分近くを費やして電気系などをチェックするが原因はついに分からず、そのままレースに復帰した（レース後の分解検査でバルブが破損していたことが判明）。

レースは、終始首位を走り続けたベルトワーズ組がそのままチェッカーを受けて優勝（ジャリエは2連勝）、一方長いピットストップで一旦は11位まで後退したペスカローロ組も5位まで挽回してレースを終えた。

イモラ1000km
(1974年6月2日)

第4戦は、この年初めて選手権に加えられた、イタリア北部のイモラで開催される1000kmレースであった。マートラからはいつもの2台のMS670Cが出場した。

予選では、①ベルトワーズ組［670B-04］が1分40秒17でポールポジションを獲得、②ペスカローロ組［670B-01］も1分40秒91で2位と、2戦続けてフロントロウを独占し、地元でのレースということで意気込んでいたアルファ陣営を意気消沈させた。

そしてレースでも、2台のマートラがスタートから飛び出すと、順位を入れ替えながら3位以下をどんどん引き離していき、20周を終えた頃には3位以下をすべて周回遅れにしてしまう有様だった。

だが、レースの中盤になって、マートラ（といってもベルトワーズ組だけだったが）にもトラブルが出始める。まずガードレールに接触して破損したリアカウルを交換、次いで後輪に空気漏れが発生し、その影響で破損したホイールの交換を行なった。そしてレース終盤にはニュルブルクリングに続いてバルブトラブルが再発してしまう。それでも彼らは11気筒の状態で2位の座を守っていたが、残り13周となったところでエンジンがついに息絶え、ピットに戻ってレースを終えた。

レースは、ベルトワーズ組とは対照的にまったくノートラブルであったペスカローロ組がシーズン初勝利を飾り、ベルトワーズ組も2台のアルファに次ぐ4位と認められた。

ルマン24時間
(1974年6月15/16日)

この年のルマンは、最大のライバルと目されていたアルファ・ロメオがレース直前になってエントリーを撤回、ミラージュをはじめとする他の出場車は明らかに力不足と思われたため、レース前からマートラの3連覇の可能性は非常に高いよう

第4戦イモラの序盤、早くもアルファ勢に差をつけ始めている2台のマートラ。前がベルトワーズ組、後ろがペスカローロ組。（EdF）

イモラの表彰台の中央に立つラルース（左）とペスカローロ。ちなみに、向かって右側の2人が2位のロルフ・シュトメレン（左）とカルロス・ロイテマン、左側の2人がカルロ・ファセッティ（左）とアンドレア・デ・アダミッチ。（DPPI-Max Press）

この年のルマンで初めて公の前に姿を現わした新型マシーン、MS680B。写真はポールリカールでテストを行なった時のもののようだ。
（DPPI-Max Press）

に見えた。

この年もマートラ陣営は4台のマシーンを送り込んだ。内訳は、3台のMS670B（MS670Cではない点に注意）と、新型のMS680Bが1台という布陣である。ドライバーは、この年のレギュラーの4人に、セミレギュラーのジョッソーとジャブイーユ、前年出場したウォレック、そして新顔としてジョゼ・ドレムとフランソワ・ミゴールの2人が加わった計9人。マシーンとドライバーの組み合わせは以下のとおりである。

⑥ J-P.ベルトワーズ／ J-P.ジャリエ組
（670B-03 ／ MS680B）
⑦ H.ペスカローロ／ G.ラルース組（670B-06）
⑧ J-P.ジョッソー／ B.ウォレック／ J.ドレム組
（670B-02）
⑨ J-P.ジャブイーユ／ F.ミゴール組（670B-05）

MS670Bは、要するに前年のルマン仕様をベースに、新しいボディを架装したものといえるだろう。リアタイヤは、前年の教訓から15インチ径とされ、リム幅は17インチに拡大された。ギアボックスはもちろんポルシェ製である。

ベルトワーズ組が乗るMS680Bは、新型といってもMS670B-03をベースに製作されたもので、最大の特徴は、運動性能の向上を狙って、それまでフロントに置かれていたラジエターが、よりマシーンの重心に近い、エンジンの左右に移された点であった。

エンジンは4台とも共通だったが、シーズン前半にトラブルが相次いだことから（事前のポールリカールでの耐久テストでも破損）、スプリント仕様の485bhpから450bhpまでデチューンされ（出力の数値については諸説あるが）、回転数のリミットもそれまでより1000rpm低い10500rpmとされた。

予選の結果は、ペスカローロ組が3分35秒8で

スタートから数周しただけで、早くも3位以下に大きな差をつけてメインスタンド前を通過する
ペスカローロ組のMS670Bとベルトワーズ組のMS680B。(PP)

マートラの3連覇へとひた走るペスカローロ/ラルース(写真)組のMS670B。ちなみに、後ろのマシーンは5位に入賞したフェラーリ365GTB/4“デイトナ”。(PP)

ペスカローロ組のピットストップ。メカニックが皆Tシャツ姿なのは、安全がとやかくいわれる現在からすると不思議な光景に見えるかも知れない。(BC)

レースの序盤、快調な走りで上位をキープしていたMS680B。しかし、4台の中で最初に姿を消してしまった。
(DPPI-Max Press)

ポールポジション、ベルトワーズ組が3分36秒8で2位と、予想どおりマートラがフロントロウを独占、残りの2台も、2台のミラージュを挟んで、ウォレック組が3分41秒6で5位、ジャブイーユ組が3分44秒2で6位と、サードロウを占めた。

レースの序盤は、ペスカローロが首位に立ち、これにジャリエやジョッソーらが続くという展開で進み、1時間目にはマートラが上位4位を独占していた。

マートラ勢で最初にトラブルに見舞われたのは、注目の新型MS680Bだった。3時間過ぎ、ピットストップからレースに復帰しようとした際、ピットロードでポルシェ911とからんでクラッシュ、フロントにダメージを負ったのである。結局この修理に30分を費やして20位に後退。レースに復帰後は、11位まで挽回したものの、日付が変わる頃にコンロッドを折って姿を消すことになる。

4時間目の順位に、残りの3台のマートラが依然として上位を占めていたが、やがてジャブイーユ組のマシーンはシリンダーヘッドからの冷却水漏れで後退。日付が変わる頃には2位にいたジョッソー組もオイル漏れでリタイアしたため、マートラ陣営の頼みの綱は首位を走るペスカローロ組の1台だけとなった。

ところが、ペスカローロ組もトラブルと無縁ではいられなかった。2日目の午前中にはエンジンにミスファイアが発生、そして残り5時間となった頃には、4速と5速のギアが使えなくなったので

チェッカーを受けた後、大喜びのチームスタッフに迎えられるウィニングマシーン。両手を突き上げて喜びを表しているのはラルース。
迎える左端の人物はエンジニアのドゥカルージュ。(EdF)

第6戦オーストリアのスタート。マートラが例によってフロントロウを独占、以下アルファが3～5位、ミラージュが6位に続いている。(EdF)

ある。すぐにメカニックが修理に取りかかり、50分近くを費やしてようやくレースに復帰した時、10周以上あった2位のワークス・ポルシェのターボ・カレラRSRとの差はわずか1周に縮まっていた。逆にいえば、それでも首位で復帰できたのだから、それまでの貯金がいかに大きかったか、つまりいかに彼らが圧倒的に速かったということの証でもあったのである。

コースに戻れば、マシーンの性能差は歴然としており、ペスカローロ組は再び2位との差をどんどん広げていき、そのまま24時間目のチェッカーを受けて、マートラとペスカローロにとっては3年連続、ラルースにとっては2年連続の優勝をなしとげた。2位はポルシェ・ターボ・カレラRSR(6周遅れ)。そしてレース中ずっとオーバーヒートに悩まされながらも最後まで粘り強い走りを見せたジャブイーユ組が3位でフィニッシュした。

オーストリア1000km
(1974年6月30日)

ルマンの後も、マートラ陣営は手を緩めることなく、それ以降に開催された5つの選手権レースすべてに姿を見せた。まずはルマンから2週間後のオーストリア1000kmである。

出場したのは、⑥ベルトワーズ/ジャリエ組[670B-04]と⑤ペスカローロ/ラルース組[670B-01]のいつもの2台。マシーンはルマンのMS670BからスプリントMS670Cに戻された。なお、このレース以降、ドライバーとマシーンの組み合わせは最終戦まで変わることがなかったので、以後はシャシーナンバーを省略するものとする。

予選では、ペスカローロ組が1分35秒97でポー

スタート直後、車体底面のパネルが外れるという珍トラブルでピットに入り、修理中のベルトワーズ組のマシーン。
コクピットのジャリエは降りずに、修理が終わるのを待っている。（DPPI-Max Press）

ルポジションを奪い、ベルトワーズ組も1分36秒44で2位と、ニュルブルクリングから4戦連続のフロントロウ独占となった。

決勝では、ジャリエがまず飛び出すが、コクピットの床のパネルが脱落するという珍しいトラブルに見舞われ、3周しただけでピットイン、修理の間に最下位まで後退してしまう。一方ペスカローロ組は、レースの前半こそアルファ・ロメオやミラージュ（後者は速さの点ではマートラやアルファに太刀打ちできなかったが、燃費が良く、ピットストップの回数を少なく抑えられるという強みがあった）と首位争いを繰り広げたが、この2台はその後どちらもタイヤに起因するトラブルで後退してしまう。結局レースの後半は独走となったペスカローロ組が3連勝を飾り、スタート直後の思わぬトラブルで後退したジャリエ組もその後挽回し、アルファに次ぐ3位でレースを終えた。

ワトキンズ・グレン6時間
（1974年7月13日）

第7戦はアメリカのワトキンズ・グレンで開催された6時間レース。このレースに勝てばチャンピオンが決まるだけに、マートラはオーストリアと同じ顔ぶれの2台をアメリカへと送り込んだ。

予選では、グッドイヤーの新型タイヤに多少トラブルが出たものの、②ペスカローロ組が1分43秒698でポールポジション、①ベルトワーズ組も1分43秒893で2位と、5戦連続のフロントロウ独占となった。

レースでも、2台のマートラはスタート直後から、3位以下を1周で2秒以上ずつ引き離していくという圧倒的な速さを見せた。しかし11周目、ペ

ワトキンズ・グレンでチェッカーを受けるベルトワーズ組のMS670C。ちなみに、高くジャンプしながらチェッカーを振っているのは「テックス・ホプキンス」というこのサーキットの名物オフィシャルである。（DPPI-Max Press）

ワトキンズ・グレンで周回遅れのポルシェ・カレラRSRを抜きにかかるベルトワーズ組。このポルシェも健闘して4位でフィニッシュした。（DPPI-Max Press）

スカローロ組のエンジンに、この年の彼らの持病ともいえたバルブスプリングの折損が発生する。一度はピットに入ったものの、修理する術はなく、そのまま首位から5周遅れでレースに復帰した。ところが、この11気筒の状態でもアルファ・ロメオより速かったというのだから驚くほかない。ペスカローロ組はその後も11気筒とは思えない走りで順位を取り戻し、ついには2位に返り咲いたが、4時間を過ぎたところで、ギアボックスが壊れてコース上にストップ、今度はリタイアするしかなかった。

レースは、ペスカローロ組が後退した後は独走となったベルトワーズ組がそのままチェッカーを受け、ニュルブルクリング以来の勝利を挙げた。また、これでシリーズ6勝目となったマートラは、3戦を残して早々とメーカー部門のチャンピオンを決めた。

ポールリカール1000km
（1974年8月15日）

第8戦は、この年初めて選手権に加えられたポールリカールでの1000kmレースである（実際には750km）。いわば自宅の庭先で行なわれたこのレースに、マートラはいつもの2台を出場させた。

レース前の練習走行では、ルマン以来となるMS680（BからCに進化）が姿を見せたが、サイドラジエターの冷却性能が不充分なことが明らかになり（配管が短くなり、冷却水量が減ったことが

レースの序盤、ポールリカールのストレートを行く2台のMS670C。3、4位のミラージュに早くも大差をつけてしまっている。（DPPI-Max Press）

影響したらしい)、真夏の南仏という厳しい条件下ではとても実力を発揮できそうにないと判断され、レースへの出場は見送られた。また、アルファ・ロメオが、タイトルが確定した以上もはや参戦の意味はなく、翌年のマシーンの開発に専念するため、これ以降のレースを欠場すると発表したことで、レースへの興味はいっそう失われてしまった。

予選では、①ベルトワーズ組が1分49秒1でポールポジション、②ペスカローロ組も1分49秒9で2位と、もはや当たり前になりつつあったフロントロウの独占となった。ちなみに、彼らのタイムは前年に同じコースで開催されたF1フランスGPの最速ラップ(D.ハルムのマクラーレンM23が記録した1分50秒99)を上回るものであった。

決勝でも、2台のマートラはスタートからハイペースで飛ばし、3位以下をどんどん引き離していった。その後、2位を走るペスカローロ組はタイヤにチャンキングが発生(どうもタイヤの選定をミスしたらしい)、ハンドリングが不調となったため、ベルトワーズ組に差を広げられた。

レースは、独走となったベルトワーズ組が2連勝、シーズン3勝目を挙げた。ペスカローロ組はその後も周回遅れとからんでノーズを傷めるなどのトラブルに見舞われ、チームメイトに3周差をつけられたものの、それでも2位となり、チームにシーズン初の1-2フィニッシュをもたらした。

ブランズハッチ1000km
(1974年9月29日)

第9戦のブランズハッチを走るベルトワーズ(写真)／ジャリエ組のMS670C。(DPPI-Max Press)

第9戦は、久しぶりに選手権に復活した英国ブランズハッチでの1000kmレース。マートラとしては、1970年以来の出場である。姿を見せたのは例によっていつもの2台。

予選では、①ベルトワーズ組が1分23秒3でポールポジション、②ペスカローロ組も1分23秒4と僅差の2位につけ、今や指定席となったフロントロウを占める。ちなみに、3位のミラージュのタイムは1分26秒6と、3秒以上の大差がついており、2台のマートラがいかに飛び抜けて速かったかが分かる。

レースも、もはや他のマシーンが割り込む余地はまったくなく、マートラ同士の一騎打ちとなった。レース途中から雨が降り出すと、これを得意とするペスカローロがリードを広げ、ついにはベルトワーズ組を周回遅れとしてしまう。ところが、最後のピットストップに入ったペスカローロ組のマシーンはエンジンが再始動せず、バッテリー交換に2分を費やしている間にベルトワーズ組が首位に立った。

しかし、復帰したペスカローロは10秒以上あった差をみるみる縮め、残り10周となってからは、ペスカローロとジャリエがピットからのチームオーダーを無視して真剣勝負を繰り広げ始めた。結局、最終ラップにペスカローロが自らのマシーンから漏れたオイルで姿勢を崩したのに乗じたジャリエが、ペスカローロを2.8秒振り切ってチェッカーを受け、3連勝を達成した。ちなみに、3位となったミラージュは彼らから実に11周も引き離されていた。

マートラにとって4年ぶりのブランズハッチのコースを走る2台のMS670C。前がペスカローロ組、後ろがベルトワーズ組。
最後はチームメイトの一騎打ちとなり、結局ベルトワーズ組の3連勝となった。（DPPI-Max Press）

キャラミ6時間
(1974年11月9日)

この年のチャンピオンシップの最終戦は、南アフリカのキャラミで開催された6時間レースであった。すでにタイトルを手にしていたマートラにとって、遠く離れたアフリカの南端まで遠征する狙いがどこにあったのかは不明だが、このレースにもいつもの2台を送り込んだ。

予選では、①ベルトワーズ組が1分18秒03で3戦連続のポールポジションを奪い、②ペスカローロ組も1分18秒40で2位と、フロントロウ独占の連続記録を8まで伸ばした。

レースは、ブランズハッチに続いて、マートラのチームメイト同士の争いとなる。序盤は2台が首位を度々入れ替える展開で進み、やがてペスカローロ組のタイヤにチャンキングが発生し、交換を繰り返したため、その後はベルトワーズ組の独走となって、一時はペスカローロ組に3周の差をつけた。

ところが、レース中盤になって突然降り出したスコールが、レースの展開に大きな影響を及ぼすことになった。ラリー出身で、悪条件下での走りには自信のあるラルースが、雨の中で猛烈な追い上げを見せ、20分後に止んだ頃にはベルトワーズ組の背後まで迫っていたのである。

その結果、レースの最後は、ブランズハッチに続いてペスカローロとジャリエによる一騎打ちが繰り広げられるものと思われたが、残念ながら今回はブランズハッチのような真剣な戦いは見られず、最後はペスカローロとジャリエが並んでチェッカーを受け、鼻の差でペスカローロ組の優勝ということになった。どうもレース前に2人の間で順位について何らかの取り決めが結ばれていたらしい(おそらくブランズハッチのレース後にチームの上層部からお小言を食らったのではなかろうか)。いずれにしても、このキャラミが、マートラのスポーツ・プロトタイプが出場した最後のレースとなった。

こうして74年のチャンピオンシップは、マートラが10戦中9戦を制するという圧倒的な強さで、2年連続タイトルを獲得した(獲得ポイントは、マートラが140点、ミラージュが81点、ポルシェが76点、アルファ・ロメオが65点)。開幕戦でアルファ・ロメオが勝利を挙げた時には、その後の選手権も混戦模様になるかと期待されたが、皮肉なことにシーズンが進むにつれて、シーズン前の予想以上に一方的な展開となった。これは、マシーン自体のポテンシャルだけでなく、その熟成においても、マートラが他チームより数段勝っていたということの証といえるだろう。

ところが、74年のシーズン終了後、提携先のクライスラー・フランスがレース活動のための資金援助を打ち切ると発表したことで、マートラはスポーツカーレースからの撤退を余儀なくされた。その後の彼らは、スポンサーのジタンとともに活躍の場を再びF1に求め、76年からはリジェにV12エンジンの供給を開始することになる。ただ、MS680が開発されたタイミングなどから察するに、資金面さえクリアしていれば、彼らとしては75年以降もスポーツカーレースに留まりたかったのではないかとも思われるが、すでにスポーツカーレース自体が、それまでのスポーツ・プロトタイプ主体から、市販車を強く意識した、いわゆるシルエット・フォーミュラの導入へと動きはじめていた時期であり、いずれにしても撤退は避けられない運命だったのだろう。

1966年のルマン24時間で13位となったジャン・ヴィナティエ／マウロ・ビアンキ組のA210“1722”。中央に入れられたストライプはワークス間での識別のためで、マシーンによって本数や色が違っていた。(PP)

1967年のルマン・テストデイに参加したA210。上の写真から、前輪のホイールカバーと後輪のスパッツがなくなっているが、ルマンの本番では前輪のホイールカバーが復活した。

M63（1963年）

K.HIGAKI

アルピーヌのレーシング・スポーツカーの第1号、M63。イラストは1963年のルマン24時間に出場したベルナール・ボイヤー／ギ・ヴェリエ組の“1703”。ちなみに、ウィンドスクリーンは市販スポーツカーのA110の流用品であったという。

A210（1966年）

1966年のルマン24時間においてアルピーヌ勢最上位の総合9位、1.3ℓクラスの1位となったアンリ・グランジール／レオ・セラ組のA210 “1723”。

1968年のルマン24時間でエセスを走る２台のA210。前がジャン-ルイ・マルナ／ジャン-フランソワ・ジェルボー組の“1726”、後ろがジャン-クロード・アンドリュー／ジャン-ピエール・ニコラ組（シャシーナンバー不明）。前者はリタイアしたが、後者は総合14位、1.15ℓクラスの１位と性能指数賞を獲得した。（EdF）

A210

1969年のルマン24時間でピットに入ったアラン・セルパッジ／クリスチャン・エスイン組のA210（シャシーナンバー不明）。アルピーヌ勢でただ１台完走し、総合12位、1.15ℓクラスの１位と性能指数賞を獲得した。A210がルマンに出場したのはこの年が最後となった。

A211

新開発の3ℓ・V8エンジンをA210ベースの車体に搭載して製作されたA211。上はデビューレースの67年10月のパリ1000kmで7位となったビアンキ／グランジール組の“1727”。下はその後部に搭載されたV8エンジン。
（下：BC）

A220

68年に登場した3ℓマシーン、A220。上の写真は公の前に初めてその姿を現わしたルマン・テストデイ、下はレースデビューとなったモンザ1000kmを走るビアンキ／グランジール組の“1730”である。（上：JPC ／下：EdF）

1968年のルマン24時間で8位となったコルタンツ／ヴィナティエ組のA220“1734”。後ろはフェラーリ250LM。左下は69年のルマンのスターティング・グリッドに並んだA220。
（2枚ともEdF）

Shell
19
30

A220（1968年）

1968年のルマン24時間で8位となったアンドレ・デ・コルタンツ／ジャン・ヴィナティエ組のA220“1734”。コルタンツはその後エンジニアとしても活躍し、トヨタのルマン及びF1のプロジェクトにも関わったことは御存知のとおり。

M63/M64
M65
A210/A211
A220

第4章

小排気量クラスの雄からの脱却を目指して

1963——1969年

ルノーのバックアップを得て誕生したアルピーヌは、
やがて地元で開催されるビッグイベント、
ルマン24時間の常連となり、小排気量クラスで
他を圧倒する存在へと上り詰めた。
しかし、総合優勝を目指して開発した3ℓマシーンは
完全な失敗作に終わり、ついにはスポーツカーレースから
撤退してしまう。その悲運の足跡をたどる。

ALPINE

M63

◉1963年

アルピーヌの誕生

マートラの出発点が自動車メーカーではなかったのに対して、アルピーヌは誕生した時から自動車、それもモータースポーツと深く関わっており、その背景には創業者であるジャン・レデーレの生い立ちが大きく影響していた。そこで、まずはレデーレ個人についての話から始めよう。

レデーレは1922年5月17日、ドーバー海峡に面した港町ディエップに生まれた。父親はルノーのディーラーを経営しており、第2次大戦後にはジャンもその事業に関わるようになる。やがて彼はルノーの小型乗用車4CVでレースに出場し始め、その後はルノーの援助を得てツール・ド・フランスやルマンなどのビッグイベントにも出場した。例えば52年のルマンでは、ほとんど改造を加えていない4CVで17位完走を果たしている。

やがて市販車でのレース活動に飽き足らなくなったレデーレは、1952年からルノーの部品を流用したスペシャルマシーン（エンジンは4CVの747cc直列4気筒）の製作に乗り出した。そしてこのマシーンでレースに出場し、55年のミッレ・ミリアでは750ccクラスで友人が優勝、レデーレ自身も2位に入賞している。

55年、レデーレは“The Societe des Automobile Alpine”を設立すると、ルノーから部品の供給を受け、いよいよ市販のスポーツカーの製造に本格的に乗り出した。そしてこの年の10月に開催されたパリ・サロンに、4CVがベースの車体に、ジョヴァンニ・ミケロッティがスタイリングを担当した軽量で空気抵抗の少ないFRP製のクーペボディを架装したA106“ミッレ・ミリア”を発表、56年から市販を開始した。

その後、アルピーヌは着々とルノーのスペシャリストとしての地位を固めていく。エンジンもドーフィン用がベースの904cc直4へと変更され、57年にはこれを搭載したA108が登場、58年から生産が開始された。そして62年に発表された名車A110によって、その評価は確固たるものとなった。

M63の登場

60年代に入るとレデーレは、市販車の改造マシーンではなく、レース専用のマシーンで本格的にスポーツカーレースへの挑戦を決意する。目標はいうまでもなく、彼らのお膝元で開催されるスポーツカーレースの頂点、ルマン24時間であった。こうして63年シーズンに向けて開発されたのがM63である。

レデーレはその車体の設計を、友人のジャーナリストで、CGの読者にも馴染み深いジェラール・クロムバックを通じて、ロータスの創業者兼設計者であったコーリン・チャプマンに依頼し

1955年のミッレ・ミリアでチェッカーを受けるアルピーヌのスペシャル・マシーン。写真は750ccクラスで1位となったガルティエ／ミッキー組。

た。当時のロータスは、小型のレーシング・スポーツカー、タイプ23で大きな成功を収めていたからである。

しかし、当時のロータスは、市販車部門ではエランの開発に没頭しており、またF1ではトップにのし上がろうとしていた時期で忙しく、レデーレの依頼に応じられる余裕がなかった。そこでチャプマンが代わりに紹介したのが、以前ロータスに在籍していたレン・テリーだった（その後ロータスに復帰する）。

M63のバックボーン・フレーム。レン・テリーが設計したスペースフレームがレギュレーション上から使用できなくなったため、代わりにA110をベースに製作されたものである。

こうしてテリーがアルピーヌのために鋼管スペースフレームを設計することになった。その設計にあたって、レデーレはルノー市販車の部品をできるだけ多く使うよう要求したが、テリーはその指示をほとんど無視して設計を進め、結局ルノーから流用されたのはステアリングギアボックスとフロントのアップライトだけだったという。ところが、このテリーが設計したフレームは、結局使われずに終わることになる。

当時、ルマンの小排気量クラスでは、DBに代表される地元勢がクラス優勝と性能指数及び熱効率指数賞の常連となっていたが、62年にデビューしたロータス23が強力なライバルとして彼らの前に登場した。もっともこの年のルマンでは、主催者であるACO（西部自動車クラブ）からマシーンに関していろいろ難癖をつけられ、出場できずに終わった。激怒したチャプマンが以後二度とワークス・チームをルマンに送らなかったのは有名なエピソードである。

翌63年、ACOは車両規則のうち、ドアシル（ドアの下端）の高さに関する項目を変更した。ロータス23はこの部分が高かったからで、おそらくプライベート・チームがロータス23で出場するのを阻止しようとしたのだろう。そして、テリーが設計したフレームもこの項目に引っかかり、使用できなくなってしまったのである。結局M63には、アルピーヌ社内のエンジニア、リシャール・ブーローが市販スポーツカーのA110のバックボーン・フレームをベースに設計したものが使用された。

M63に搭載されたエンジンは、前出のドーフィン用直4エンジンを、小排気量エンジンのチューニングで名を馳せていたアメディ・ゴルディーニがチューンしたものだった。ボア・ストロークは71.5×62mm、総排気量は996cc。動弁方式は市販車のOHVからチェーン駆動のDOHCに変更さ

アルピーヌに搭載されたルノー・エンジンのチューニングを担当したゴルディーニの創業者、アメディ・ゴルディーニ（1899－1979）。前に見える3ℓ・V8エンジンからすると、67年か68年に撮影された写真と思われる。（DPPI）

れ、燃料供給もウェバーのツインチョーク・キャブレターを2基装着するなどで、100bhp／7500rpmの最高出力を得ていた。ギアボックスはヒューランドの5段が組み合わされた。

サスペンションは、当時のレーシングマシーンとしては常識的な前後ダブル・ウィッシュボーン（後ろはA110と同じスイングアクスルのマシーンもあったという説もある）。具体的には、前が上下Aアーム。後ろは上がIアーム、下が逆Aアーム、そして上下にラジアスアームという構成である（アンチロールバーの有無は不明）。アップライトは、前が前述のようにルノーの市販車、後ろはロータス23のものを流用していた。ブレーキはガーリング製の4輪ディスク。前後のホイールはロータスの流用品で13インチ径。これにダンロップのタイヤを履く。

FRP製のボディは、空力に造詣の深かった若手エンジニア、マルセル・ユベールが風洞実験を元にスタイリングを決定した。なお、M63は4台が製作されたという。

1963年シーズンのM63の戦績

M63が初めて公の前に姿を現わしたのは4月6／7日、当時ヨーロッパ・シーズンの開幕前に恒例として催されていたルマンのテストデイだった。サルト・サーキットに持ち込まれたのは1号車の“1701”。当時アルピーヌのワークスドライバーであったアンリ・グランジールやジョゼ・ロジンスキー（後者はジャーナリストとしても有名）がステアリングを握り、ロジンスキーが4分40秒0を記録して参加者中10位を占めた。これは同じエンジンを搭載するルネ・ボネより5秒も速く、大いに有望視された。

ルマンのテストデイから1ヵ月後の5月19日、この年の選手権の第3戦としてドイツ・ニュルブルクリングで開催された1000kmレースでM63はいよいよレースデビューを果たす。出場したのはロジンスキーとアメリカ人のロイド・カスナー（後者はバードケージ・マセラーティでの活躍などで有名）のコンビが乗る“1701”。予選は28位、そしてレースでは11位でフィニッシュし、1.3ℓ以下のプロトタイプ・クラスで幸先の良い優勝を飾っている。

なお、当時の海外雑誌のレースレポートは、総合優勝を争う大排気量マシーンに関する記述がほとんどで、アルピーヌのような小排気量マシーンに関しては記述が少なく、個々のマシーンの展開などはほとんど分からないので、この小排気量の時代についてはどうしてもレース結果の羅列という形が多くなってしまうが、大目に見ていただきたい。また、この時代のアルピーヌは出場台数が多く、予選の結果まで本文でふれると非常に煩雑になるので、これ以降のレースの予選結果は割愛させていただくことにする。

ニュルブルクリングの1ヵ月後には、レデーレにとって最大の目標であったルマン24時間（6月15／16日）が開催された。彼はこのレースに、ルネ・リシャール／ピエロ・フレスコバルディ組（1701）、ロジンスキー／クリスチャン・"ビーノ"・ハインツ組（1702）、ベルナール・ボイヤー（後のマートラの主任設計者！）／ギ・ヴェリエ組（1703）の3台のM63を送り込んだ。

しかし、レース本番では、6時間目にハインツ組のマシーンがクラッシュして炎上、ステアリングを握っていたハインツが死亡するという悲劇に見舞われてしまう。さらにリシャール組は8時間目にクラッチを破損してリタイア。残るボイヤー組も残り1時間というところでエンジントラブルのために姿を消し、アルピーヌのルマン・デビュ

初期のアルピーヌの後部に搭載されたゴルディーニ・チューンのルノー直4エンジン。ギアボックスはヒューランドというが、ごく初期のもののようだ。

63年4月のルマン・テストデイに参加したM63。これがアルピーヌのレーシング・スポーツカーとしては公式の場への初登場ということになる。

M64

アルピーヌにとってルマン・デビューとなった63年の24時間レースに出場したロジンスキー／ハインツ組のM63 “1702”。
だが、レース前半でクラッシュ、ハインツが死亡する悲劇となった。

ーは全滅という最悪の結果で幕を閉じた。

なお、M63はルマンの後もフランス国内のレースに出場している。6月30日のランスでは、ロジンスキー（1703）が総合9位（1ℓクラス1位）。また、クレルモンフェラン（7月7日）では、ロジンスキー（1704）が総合13位（クラス2位）、グランジール（1703）が総合15位（クラス3位）でフィニッシュしている。ちなみに、クレルモンフェランのレースでクラス1位となったマウロ・ビアンキ（マシーンはアバルト）は、翌年アルピーヌのワークス・ドライバーに抜擢されることになる。

◉1964年

M64の開発

64年には新型のM64が登場する。前年のドアシルに関するレギュレーションがあまりにえこひいきと批判されたため、ACOが1年限りでこれを廃止したことから、M64ではようやく鋼管スペースフレームが使えるようになった。といっても、採用されたのはテリーが設計したそのものではなく、ブーローが手を加えたものであった。この新しいフレームの採用で剛性が向上し、またサスペンションの改良などによって、ハンドリングは前年より格段に改善された。

ボディのスタイリングも、ユベールが新たにデザインし直し、M63より全幅・全高を削ってより細身にした結果、前面投影面積は6％減少した。ただ、空気抵抗係数が悪化したため、ルマンのユノディエールの直線における最高速は232km/hから240km/hへと8km/hしか上がらなかったと

64年のルマンを走るデ・ラジェネステ／モロー組のM64 "1711"。総合17位でフィニッシュしたのに加えて、1.15ℓクラスの優勝、そして熱効率指数でも1位となり、前年の屈辱を見事晴らした。

いう。

エンジンは、シーズン序盤は前年と同じ996cc仕様が用いられたが、ルマンから新しい1ℓ仕様（ボア・ストロークは71.7×62mm、総排気量は1001cc、最高出力は105bhp／7200rpm）が投入された。また、タルガ・フローリオからは排気量を1.15ℓまでアップした仕様（71.3×72mm／1149cc、115bhp／7000rpm）も使われるようになった。

1964年シーズンのM64の戦績

M64はM63と同じく、ルマン・テストデイ（4月18／19日）で初めて公の前に姿を現わし、ビアンキ（1709）が4分45秒5を記録して参加者中21位につけた。

テストデイの1週間後に選手権の第2戦として開催されたタルガ・フローリオ（4月26日）には、M63Bと呼ばれるマシーン（1708）が出場した。これはM64のシャシーにM63のボディを載せたもので、エンジンは初登場の1.15ℓ仕様が搭載されていた。ドライバーはビアンキと彼の兄ルシアンの兄弟コンビが務め、16位（2ℓ以下のプロトタイプ・クラス2位）でフィニッシュしている。

M64のレースデビューは5月31日の第3戦ニュルブルクリング1000kmであった。しかし、ビアンキ／ロジンスキー組のM64（1709／1ℓ）はエンジン、グランジール／ジャン・ヴィナティエ組のM63B（1708／1.15ℓ）はギアボックスのトラブルで、どちらもリタイアという結果に終わった。

次はアルピーヌにとって二度目となるルマン24時間（6月20／21日）。レデーレは前年より1台

64年のルマンでチェッカーを受ける2台のM64。前のマシーンが前出のデ・ラジェネステ／モロー組。
ただ、後方のヴィナティエ／ビアンキ組は周回数不足のため完走とは認められなかった。

64年のルマンに出場したヴィナティエ／ビアンキ組のM64“1710”。空気抵抗を極力減らそうというスタイリングの意図がよくわかる。

M65

65年のルマン・テストデイに登場したM65の後部。その後アルピーヌのトレードマークともなる左右のテールフィンが装備されたのはこの年からである。（EdF）

多い4台をエントリーした。内訳は、M64が3台（エンジンは1台が1.15ℓ、2台はこのレースから投入された新しい1ℓ）、M63が1台（1ℓ）。

この年のアルピーヌは、全滅に終わった前年の屈辱を見事晴らしてみせた。4台のM64のうち、2台はリタイアしたが、ロジャー・デ・ラジェネステ／ヘンリー・モロー組（1711／1.15ℓ）が堅実な走りの末に総合17位に食い込み、1.15ℓクラスで優勝を遂げたばかりか、目標であった熱効率指数賞でも1位に輝くという殊勲を挙げたのである。また、ロジャー・マッソン／テオドール・ツェッコリ組のM63（1708）も20位でフィニッシュした。

ルマンの後も、M64はフランス国内のレースに出場している。7月5日のランス12時間には3台が出場（エンジンは全車1.15ℓ）、デ・ラジェネステ／モロー組（1711）が総合18位、グランジール／ロジンスキー組（1709）が19位、ビアンキ／ヴィナティエ組（1710）が20位と、1.3ℓクラスで1～3位を占めた。また、シーズンオフ恒例のイベントとして10月11日にパリ近郊のモンレリーで開催されたパリ1000kmでも、ロジンスキー／グランジール組（1709）が総合16位、1.15ℓクラスで優勝を飾っている。

◉1965年

M65の開発

65年にはM65と呼ばれる新型が登場する。マシーンの前半分はM64とほぼ同じだったが、後ろ半分が大きく変わった。風洞実験の結果から、高速走行時の安定性を増すために、リアの左右に大きなテールフィンが追加されたのである。また、下面にはアンダーカバーが追加されるなどで、空力性能が大幅に改善された。

その他の変更点としては、サスペンションが挙げられる。フロントのアップライトがルノーの市販品からアルピーヌの自製に変更され、またアンダーカバーの装着にともない、リア・サスペンションのラジアスアームが廃止されて、上下Aアームという構成になり、取り付け位置も上方に移された。

エンジンに関する変化としては、シーズン途中から1.3ℓ仕様（75.7×72mm／1296cc、130bhp／7000rpm）が投入された点がある。この仕様では、それまで市販車のものを流用していたシリンダーブロックが強度不足となったため、ゴルディーニがレース専用に製作したものに変更された。またこの新しい仕様は、シリンダーブロックとシリンダーヘッドの間にスペーサーを装着することで、容易に排気量アップが可能な構造となっていた。

ボディスタイリングの変更やエンジンの排気量アップにより、ユノディエールの直線での最高速は、1.3ℓ仕様で250km/hを突破するまでに向上した。このM65は3台が製作されたという。

1965年シーズンのM65の戦績

M65のレースデビューは、実は65年でなかった。M64の項で述べた前年10月のパリ1000kmで一足早くデビューしていたのである。結果は、デ・ラジェネステ／モロー組（1711／1.15ℓ）が20位でフィニッシュしている。

65年にM65が初めて姿を見せたのは、例によ

65年のルマン24時間に出場したビアンキ／グランジール組のM65 “1719”。
しかし、レースでは3時間目にギアボックスのトラブルで脱落、ルマン・デビューを飾ることはできなかった。

ってルマン・テストデイ（4月10／11日）。しかし、新旧合わせて5台が参加したアルピーヌのうちで最も速かったのはM64の12位（4分16秒9）、2台が参加したM65はやはり熟成が不足していたのか、15位（4分19秒8）と25位（4分37秒6）に留まった。

テストデイの1ヵ月後のタルガ・フローリオ（5月9日）には、ビアンキ／グランジール組がM65（1718／1.15ℓ）で出場したが、5周目にクラッシュ、マシーンが炎上してリタイアとなった。

次にM65が出場したのはアルピーヌにとって三度目の挑戦となるルマン24時間(6月19／20日)。アルピーヌはそれまでで最も多い6台を送り込んだ。といっても、M65はビアンキ／グランジール組(1719／1.3ℓ)の1台だけで、残りはM64（1.15ℓ）が3台、M63B（1ℓ）とA110のシャシーにM64のボディを架装したマシーン(1.1ℓ)が1台ずつという陣容であった。しかし、肝心のレースでは、M65は3時間目にギアボックスを壊し、アルピーヌの中で最初に姿を消した。結局この年のアルピーヌは出場した6台すべてがリタイアと、前年とは対照的に惨憺たる成績に終わってしまった。

ルマンでは散々な結果となったが、M65はその後のレースでは好成績を残した。ルマンの2週間後のランス12時間（7月4日）では、ビアンキ（兄）／グランジール組のM65（1719／1.3ℓ）が総合7位、1.3ℓクラスで1位となったほか、M64が8位／11位／12位、M63Bが13位と、出場した全5台が完走するという、ルマンとは対照的な成績を収めた。また、9月5日のニュルブルクリング500km

ルマンから2週間後のランス12時間に出場した2台のアルピーヌ。前のビアンキ／グランジール組のM65 “1719”が総合7位、後ろのデ・ラジェネステ／ヴィナティエ組のM64 “1710”が8位でフィニッシュした。（EdF）

A210

前ページのランスの2台を後方から撮影したショット。M65とM64のリアの造形の違いがよくわかって興味深い。(EdF)

(出場車はすべて1.3ℓ以下)では、ビアンキ兄弟組のM65(1719/1.3ℓ)が総合優勝を飾っている。

◉1966年

A210の開発

66年にはM65の改良型が登場する。ただし、そのモデル名はM66ではなく、なぜかA210という市販車に似たものとされた。

車体関係はM65とそれほど大きな変化はなかったが、タイヤがそれまでのダンロップからミシュランに変更され、またリアの径が13インチから15インチに拡大された。ブレーキも、メーカーがそれまでのガーリングから制動能力に優れるATEへと変更された。なお、リアタイヤの径が15インチに大きくされたのは、ATE製ブレーキを装備するためという。このA210は6台が製作された(M65を改造して製作された2台は除く)。

エンジン/駆動系では、新しい1ℓ仕様(76×55.4mm/1005cc)が登場し、またギアボックスがそれまでのヒューランドから、ポルシェの市販車911に用いられていた5段仕様に変更された。これはヒューランドより重いものの、信頼性に優れていたことを重視しての変更であった。

1966年シーズンのA210の戦績

それまでのモデル同様、A210もシーズン最初のルマン・テストデイ(4月2/3日)が初披露の場

A210のエンジン回り。この写真を載せたのは、エンジンが目的ではない。66年頃、アルピーヌが液体を利用したハイドロニューマティック・サスペンションを実験的に装着していたという証拠だからである。（EdF）

となった。この公開テストに3台が参加し、ビアンキが4分00秒9をマークして、参加車中14位、1.3ℓクラスのトップを占めた。

ただ、A210のレースデビューがいつかとなるとはっきりしない。というのは、同じシャシーナンバーでも、レースによってM65であったり、A210であったりと、モデル名が変わるものがあったからである。例えば、“1720”は第3戦のモンザではM65となっているが、2戦後のスパではA210-M65に変わっている。この間にM65からA210に仕様変更が行なわれたという解釈もできる。

A210の名前がこの年のレース結果に初めて登場するのは第5戦のスパ1000km（5月22日）である。2台が出場し、デ・ラジェネステ／ジャック・パッテ組（1720）が総合9位（1.3ℓクラス1位）、ビアンキ／ヴィナティエ組（1724）も総合10位（クラス2位）という好結果を残した。だが、続くニュルブルクリング1000km（6月5日）には、M65は出場しているものの、A210の名前は見当たらない。

次のルマン24時間（6月18／19日）になると、出場した6台すべてがA210の名前になっている（エンジンは1台だけが1ℓ、残りは1.3ℓ）。そしてレースでは、2台はリタイアしたものの、残りの4台は24時間を走り抜き、グランジール／レオ・セラ組（1723）が総合9位、1.3ℓクラスの優勝をなし遂げたほか、デ・ラジェネステ／ジャック・シャイニッセ組（1721）が11位、ヴェリエ／ロベール・ブーアルデ組が12位、ヴィナティエ／ビアンキ組（1722）が13位となり、この3台が熱効率指数

66年のモンザ1000kmに出場したデ・ラジェネステ／ヴィナティエ組の“1720”。レース結果は18位。結果内のモデル名はM65となっている。（EdF）

モンザの1ヵ月後に開催されたスパ1000kmを走るデ・ラジェネステ／パッテ組の“1720”。結果は9位。こちらのモデル名はA210-M65となっている。（JPC）

66年のルマンでエセスを走るグランジール／セラ組のA210“1723”。アルピーヌ勢で最上位の総合9位、1.3ℓクラスの1位でフィニッシュした。後ろに続くのはフェラーリ275GTB。（EdF）

67年、雨のスパを走るビアンキ／グランジール組のA210 “1726？”。小排気量マシーンには過酷な高速コースということもあり、総合16位に終わった。後ろはワークス・ポルシェの910。（EdF）

部門の1～3位を占めるという大活躍を見せたのである。

ルマンの後も、A210は各地のローカルレースに出場している。前年優勝したニュルブルクリング500km（9月4日）ではデ・ラジェネステ（1719／1ℓ）がアバルトに次ぐ2位、また10月16日のパリ1000kmでは、デ・ラジェネステ／シャイニッセ組（1721／1.3ℓ）が居並ぶ2ℓ以上のマシーンを相手に大健闘を見せ総合4位、1.3ℓクラスで優勝という好成績でシーズンをしめくくった。

◉1967年

1967年シーズンのA210の戦績

67年のA210における大きな変化は、エンジンに1.5ℓ仕様が登場した点である。ボア・ストロークは79×75mmで、総排気量1470cc。燃料供給はウェバー・キャブレター（翌68年にはクーゲルフィッシャーの燃料噴射に変更）。最高出力は156bhp／7000rpmと発表されていた。

4月8／9日のルマン・テストデイには5台のA210が参加し、ビアンキの“1726”（エンジンは新しい1.5ℓ仕様）が3分58秒6と、2ℓマシーン並みの好タイムをマークして11位につける健闘を見せた。また、ユノディエールの直線における最高速では、1.5ℓ仕様が270km/h、1.3ℓ仕様も260km/hを記録した。

この年の選手権にA210が初めて姿を見せたのは4月25日の第3戦モンザ1000km。ビアンキ／グランジール組（1726／1.5ℓ）の1台だけが出場したが、エンジントラブルでリタイアとなった。続くスパ1000km（5月1日）には2台（どちらも1.5ℓ）が出場し、ヴィナティエ／アラン・レゲレック組（1722？）が14位、ビアンキ／グランジール組（1726？）が16位。また、次のタルガ・フローリオ（5月14日）にはビアンキ／ヴィナティエ組（不明／1.5ℓ）など3台が出場したが、すべてリタイアに終わっている。

モンザやスパといった高速コースでのレースでは振るわなかったが、同じ高速コースでも、24時間という長丁場のルマンとなると話は別。この年

67年のルマンで3台連なってチェッカーを受けるアルピーヌ勢。右端が最上位の9位となったグランジール／ロジンスキー組（不明）、次が13位のビアンキ／ヴィナティエ組の“1726”、一番後ろが10位のレゲレック／コルタンツ組の“1723”である。（PP）

のルマン24時間（6月10／11日）に、アルピーヌは過去最大の8台（A210が7台、M64が1台）を送り込んだ。

そしてレースでは、アメリカ・フォードとフェラーリの華やかな優勝争いの影に隠れる形にはなったものの、4台のA210が24時間を走り抜き、グランジール／ロジンスキー組（？／1.3ℓ）の総合9位（1.3ℓクラス1位）を筆頭に、レゲレック／アンドレ・デ・コルタンツ組（1723／1.3ℓ）が10位、デ・ラジェネステ／シャイニッセ組（1721／1.3ℓ）が12位、ビアンキ／ヴィナティエ組（1726／1.5ℓ）が13位を占めた。もっとも、いつもの年なら彼らが手にするはずの熱効率指数や性能指数の賞は、優勝したフォードや4位のポルシェにさらわれてしまったが。

この年もA210はルマンの後、いろいろなローカルレースに出場した。6月25日のランス12時間には4台出場し、デ・ラジェネステ／ジャン-ルイ・マルナ組（1723？／1.3ℓ）が総合9位、1.3ℓクラス優勝。7月1日のマドリードGPではビアンキ（1726／1.5ℓ）が総合3位、9月3日のニュルブルクリング500kmではデ・ラジェネステ（1723／1.5ℓ）がアバルト勢を抑えて二度目の総合優勝を飾っている。また、地元で開催される恒例のパリ1000km（10月15日）には3台が出場し、デ・ラジェネステ／シャイニッセ組（？／1.3ℓ）が総合16位、1.3ℓクラスの1位となっている（他の2台はリタイア）。

◉1968年

A220の開発

マートラの項でも述べたように、1968年のスポーツカーレースは大きな変化があった。アメリカ・フォードに代表される大排気量マシーンを締め出すべく、FIAがレギュレーションを改定し、グループ6／スポーツ・プロトタイプのエンジン排気量をそれまでの無制限から3ℓ以下に制限したのである。これにともない、それまで小・中排気量のマシーンで戦ってきたメーカーが総合優勝に狙いを転じ、相次いで3ℓマシーンの開発に乗

A220

り出した。その代表的な存在がポルシェだったわけだが、アルピーヌもマートラとともにフランス政府の資金援助を受け、A220と呼ばれる3ℓマシーンの開発に乗り出した。

肝心の3ℓエンジンは、それまでのつながりからゴルディーニが開発を担当した。気筒配列は90度V型8気筒で、ボア・ストロークが85×66mm、総排気量は2996cc。シリンダーブロックは鋳鉄製。動弁機構はそれまでの小排気量ユニットと同じチェーン駆動によるDOHC2バルブ。バルブ挟み角は30度。バルブ径は、吸気が40mm、排気が36mm。吸排気のレイアウトは、Vの谷間から吸気し、バンクの外側に排気する。燃料供給は、当時普及しつつあった燃料噴射ではなく、依然としてウェバーのキャブレター4基。潤滑はドライサンプ。圧縮比は10.5：1で、最高出力は310bhp／8000rpmと発表されていたが、これはライバルより100bhp近く低い値であった。ギアボックスはZF製の5段仕様が選ばれた。

このV8エンジンを搭載するのは、完全に新設計の鋼管スペースフレーム。燃料タンクは従来どおりコクピットの左右に配置されるが、それまでのアルミ合金製に代えて、安全性の高いラバーバッグ（容量120ℓ）に変更された。車体関係で最も目立った変化としては、それまでフロントに配置されていたラジエターがエンジンの左右に移

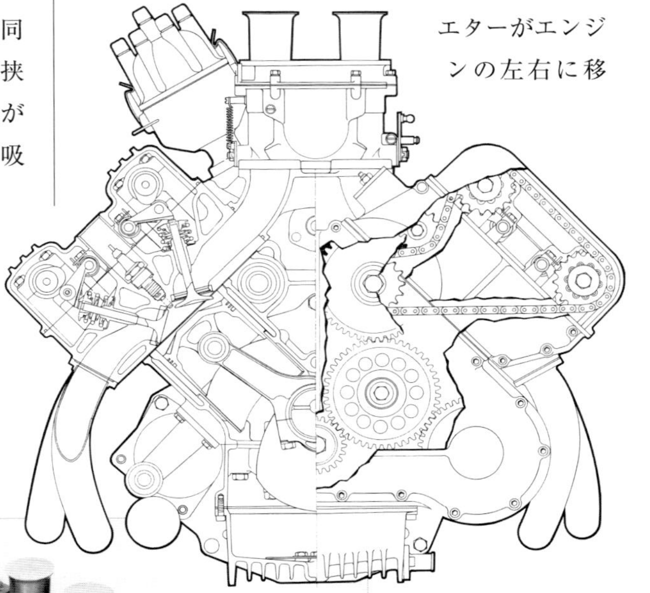

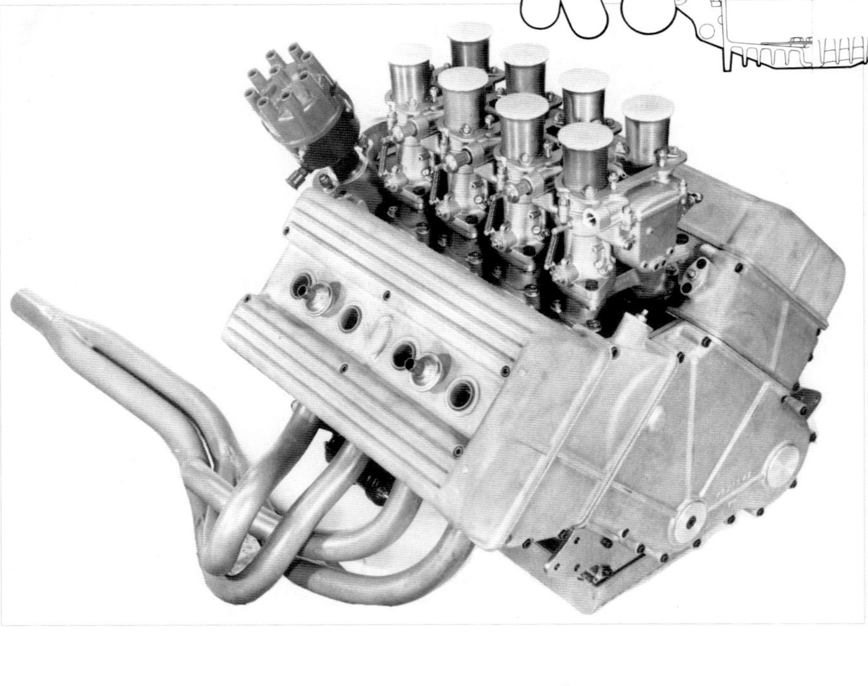

ゴルディーニがA220用に開発した3ℓ・V型8気筒（左）と、クランク軸方向から見たゴルディーニの断面（上）。広いバルブ挟み角など、残念ながら当時のトレンドからはもはや取り残されつつあったエンジンであった。

されたことが挙げられるが、これは後輪の荷重を増やして駆動力を高めるのが狙いだったらしい。A210をサイズアップしたようなボディスタイリングは、それまでどおりマルセル・ユベールが担当したものである。

サスペンションの基本的なレイアウトはそれまでと同じであったが、排気量アップに対応してジオメトリーの変更や強度アップが図られたものと思われる。ブレーキも、同じATEながら、ディスクがベンチレーテッド・タイプに強化された。タイヤはミシュランの15インチ径で、排気量アップにともないトレッド幅が、前は23cm、後ろは29cmに拡大された。車重は680kgと発表されていた（実際にはこれよりかなり重かったらしい）。

総合優勝を目標に開発されたA220（上）と構造図（下）。上の写真はルマン・テストデイで初披露された時のもの。
サイドラジエターと巨大なヘッドライトで印象はかなり異なるが、基本的なラインはA210を踏襲している。（上JPC）

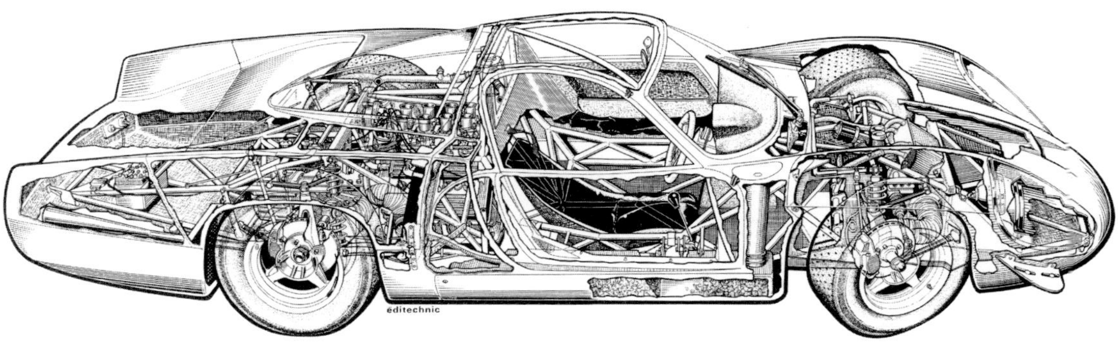

なお、A220は69年の仕様まで含めて、計8台が製作されたという。

テストマシーン、A211の開発

A220の車体より一足早く完成した3ℓエンジンは、問題点を洗い出すために、鋼管の径を1サイズ太くしたA210のスペースフレームに搭載され、A220がデビューするまでレースに使用されることになった。

A211と呼ばれたこのマシーン（シャシーナンバーは“1727”）は、67年10月に完成すると、同じ月の15日にモンレリーで開催されたパリ1000kmにデビューした。ステアリングを握ったのはビアン

A220のフロント・サスペンション。スプリングが外された状態だが、常識的なダブル・ウィッシュボーンである。各部のフィニッシュはきれいに仕上げられている。

A220のエンジン回り。スペースフレームのパイプの構成や、サイドに搭載されたラジエターに注意。ギアボックスはZF製が装着されている。

A220に先立ち、V8エンジンのテスト用マシーンとして製作されたA211 "1727"。写真は67年10月のパリ1000kmにデビューして7位となったビアンキ／グランジール組。ボディ側面の「3000」の文字が単なるA210ではないことを示している。（EdF）

キ／グランジール組で、予選は2分59秒7で11位、レースでは序盤に1速のギアが破損して苦戦を強いられながらも、3ℓエンジンのデビューレースとしては満足のいく7位でフィニッシュした。

68年の選手権では、3月23日の第2戦セブリング12時間にやはりビアンキ／グランジール組が出場し、予選は3分00秒4で12位、レースではスタート直後こそ7位前後を走っていたが、序盤にエンジントラブルで早々と姿を消した。

ルマン・テストデイ
（1968年4月6/7日）

待望のA220がついに姿を現わしたのは、この年のルマン・テストデイであった。といっても、マシーンは完成したばかりで、この公開テストも2日目になってようやくサーキットに到着したのだが。当然まだまともに走れる状態ではなく、一緒に参加したA211が3分49秒4の好タイムをマークして参加車中4位という上位につけたのに対して、A220（1731 or 1734）はポルシェ 911より遅い5分04秒6というタイムに留まった（タイムはどちらもビアンキが記録）。

モンザ1000km
（1968年4月25日）

テストデイの約3週間後に開催された選手権の第4戦モンザ1000kmには、アルピーヌから2台の3ℓマシーンが出場した。1台はA211（コルタンツ／パトリック・ドゥパイエ組）、そしてもう1台は、これがレースデビューとなるビアンキ／グランジール組のA220（1730）であった。

予選では、A220が3分09秒6で8位、A211は3分10秒7で9位を占めた。A220と同じくこのレースでデビューしたポルシェの3ℓプロトタイプ、908やジョン・ワイア・チームの5ℓスポーツカー、フォードGT40といった競争力の高いライバルの

68年のモンザ1000kmでレースデビューを果たしたビアンキ／グランジール組のA220"1730"。残念ながら好成績でデビューを飾ることはできなかった。

存在を考えれば評価できる順位だろう。

レースでは、事前の予想どおりポルシェ908とフォードGT40が熾烈な首位争いを繰り広げ、2台のアルピーヌは彼らのペースについて行けなかったが、A211は安定したペースで走り続け、まだ耐久性に欠けていた908が相次いで脱落したこともあって、最後はレース前の予想を上回る3位でフィニッシュした。一方A220は、やはり熟成不足は隠しようもなく、トラブルが続出してピットに長時間居座るはめになり、リタイアこそしなかったが、周回数不足で完走とは認められなかった。

ニュルブルクリング1000km
(1968年5月19日)

スパの次のタルガ・フローリオは、さすがに新型マシーンには公道レースは過酷過ぎると判断されたのか姿を見せず、A220とA211の2台がその次に出場したのは第6戦のニュルブルクリング1000kmとなった。ところが、ビアンキ／グランジール組のA220（シャシーナンバーは不明）は、グランジールが練習中にこのコースの名物であるジャンピングスポットで宙を舞う大事故を起こしてしまう。グランジールは無事だったが、マシーンに大きなダメージを負ったため、決勝への出走は断念せざるを得なかった。

ドゥパイエとラリー・ドライバーのジェラール・ラルースのコンビで出場したA211（1727）の方は、予選は9分27秒6で21位、レースでは上位のハイペースについて行けず、結局3周遅れの9位（3ℓクラス5位）でフィニッシュした。

スパ・フランコルシャン1000km
(1968年5月26日)

第7戦のスパ1000kmは、ニュルブルクリングからわずか1週間しか間隔がなかったため、修理が間に合わなかったA220は姿を見せず、ビアンキ／グランジール組のA211（1727）だけが出場した。予選は4分05秒9で17位。雨の中で行なわれたレースでは、ワイパーのモーターの不調で長時間のピットストップをしたのが響いて、13位（14周遅れ）という不本意な結果に終わった。

オーストリア500km
(1968年8月25日)

第8戦のワトキンズ・グレンは遠く離れた北米

ニュルブルクリング1000kmを走るドゥパイエ／ラルース組のA211 "1727"。練習中にA220がクラッシュしたため、1台だけの出場となったが9位でフィニッシュ。（EdF）

スパ1000kmに出場したビアンキ／グランジール組のA211 "1727"。ワイパーの故障などが響き、13位に留まった。結局このスパがA211にとって最後のレースとなった。（EdF）

のレースということで、アルピーヌは出場を見送り、次のラウンド、オーストリア・ツェルトヴェクで開催された500kmレースに、ビアンキ／コルタンツ組のA220 "1731"を出場させた。予選ではビアンキが1分06秒62をマークし、ワークス・ポルシェの908勢に次ぐ4位という好位置を占めて期待を抱かせたが、レースでは序盤にオイルタンクを破損して早々に姿を消した。

ルマン24時間
（1968年9月28/29日）

マートラの項で述べたように、この年のルマンはフランス国内の混乱した社会情勢の影響で、開催が例年の6月から9月末に延期された。このレースにアルピーヌは以下の顔ぶれのA220を送り込んだ。

68年のルマン24時間に出場した4台のA220のうち、ただ1台生き残り、8位でフィニッシュしたコルタンツ／ヴィナティエ組の“1734”。(EdF)

㉗ビアンキ／ドゥパイエ組［1732］
㉘グランジール／ラルース組［1733］
㉙ジャン・グーシェ／
ジャン-ピエール・ジャブイーユ組［1731］
㉚コルタンツ／ヴィナティエ組［1734］

予選では、ポルシェ908やフォードGT40が上位を占め、A220勢ではビアンキ組が3分43秒4で最上位の8位、グランジール組が3分50秒4で11位、コルタンツ組が3分53秒7で15位、グーシェ組が3分54秒9で18位という順位であった。

レースの序盤は、グーシェ組が健闘して5～6位を走っていたが、3時間目のピットストップ時にエンジン再始動に手間どり40位以下に後退。代わってビアンキ組が3時間目から6位前後につけていたが、彼らも6時間過ぎに排気系のトラブルで16位まで後退した。7時間目、ブレーキの不調などで遅れていたグランジール組がクラッシュし、4台の中で最初に姿を消した。レース半分が経過した時点の順位は、ビアンキ組が挽回して再び6位に上がり、以下コルタンツ組が9位、グーシェ組が13位を走る。しかし、2日目の朝が明けた16時間目、11位に上がっていたグーシェ組が点火系のトラブルで2台目のリタイアとなった。

2日目の午前は、ビアンキ組が依然として6位をキープ、また一度順位を下げたコルタンツ組も11位まで挽回していたが、正午を目前にしたところで、大きな事件が起きる。ビアンキのマシーンがテルトル・ルージュで大クラッシュ、マシーンは激しく燃え上がり、ビアンキが大火傷を負う事態となったのである。

結局、1台だけ生き残ったコルタンツ組が8位(クラス6位)でフィニッシュしたが、優勝したフォードGT40からは30周以上も引き離されていた。

68年のルマンで総合10位、熱効率指数賞を獲得したテリエ／トラモン組のA210 "1721"。後ろはローラT70Mk 3。(EdF)

A220の期待を裏切る結果と対照的だったのが、5台が出場したA210である。レゲレック／アラン・セルパッジ組の9位（1.6ℓクラス優勝）を筆頭に、10、11、14位を占め、10位のマシーンが熱効率指数、14位のマシーンが性能指数の部門でそれぞれ1位を獲得するという、過去最高の成績を収めたからである。

ルマン以降のレース

A220はルマンの後も、2つのレースに出場している。まず、10月13日にシーズンオフ恒例のパリ1000kmに2台（シャシーナンバーはどちらも不明）が出場し、グランジール／グーシェ組が予選6位／決勝4位、ドゥパイエ／ラルース組が予選5位／決勝6位という結果であった。また、11月1日に北アフリカのモロッコで開催されたローカルレースに2台のA220が出場し、地元のドライバーが乗った1台はリタイアしたものの、コルタンツの"1734"が優勝を飾った。レースの詳細は不明だが、おそらく他に強力な競争相手はいなかったと思われる。いずれにしても、これがA220にとってそのレース歴における唯一の勝利であった可能性が高い。

◉1969年

改良されたA220

失望すべき結果に終わった68年シーズンの後、アルピーヌの技術陣は69年シーズンに向けて、A220の改良を推し進めた。前年からの一番大きな変化は、エンジンの左右両脇にあったラジエターがマシーンの最後尾に移動された点である（この部分にあったオイルクーラーとバッテリーはノーズに移動)。変更の狙いははっきりしないが、後輪の荷重をさらに増やすため、あるいは空気抵抗の発生源になっていた可能性のあるマシーン側面のラジエターのエアインテークを排除し、前後をなめらかにつなぐことで、空力性能を向上させるためなどの理由が考えられる。また、エンジンについても、シリンダーヘッドの4バルブ化や燃料噴射の採用が検討され、実際にテストも実施されたらしいが、結局実戦に投入されることはなかった(燃料噴射の不採用についてはゴルディーニ側のミスのせいという説もある)。

ルマン・テストデイ
(1969年3月29/30日)

69年に入ってA220が最初に姿を見せたのは、例によって3月末のルマン・テストデイであった。参加したのは“1734”、“1736”、“1737”の3台。このうち“1734”と“1737”のどちらかがラジエターを最後尾に移動した新しい仕様であったらしい。タイム的には、ビアンキが“1734”で3分41秒0をマークし、3台中最上位、参加者中7位(3ℓクラスでは5位)を占めた。

モンザ1000km
(1969年4月25日)

テストデイの後、A220はルマンに向けての改良プログラムの一環として、ルマンの前に2つのレースに出場している。まず4月末の選手権の第4戦モンザ1000kmにコルタンツ/ヴィナティエ組(1734)とドゥパイエ/ジャブイーユ組(1733)の2台が出場した。前者はラジエターを最後尾に移した新仕様、後者は前年仕様であった。

予選では、コルタンツ組が2分59秒7で11位、ドゥパイエ組が3分00秒2で12位と隣り合ったグリッドを占めた。レースでは、コルタンツ組は10周しただけでエンジントラブルのためリタイア。一方、ドゥパイエ組は二度コースアウトをするなどの困難に見舞われたものの、粘り強い走りが功を奏して6位(9周遅れ)でフィニッシュした。

スパ・フランコルシャン1000km
(1969年5月11日)

第6戦のスパ1000kmには、モンザより1台増えて、3台のA220が出場した。そのうち、ジャブイーユ/グランジール組(1731)が前年仕様、コルタンツ/ヴィナティエ組(1734)とジャン-クロード・アンドリュー/ガイス・ファン・レネップ組(1736)の2台は新仕様であった。

予選の結果は、コルタンツ組が4分12秒5で10位、ジャブイー

68年からクーゲルフィッシャーの燃料噴射が装着されるようになったA210用のルノーの直4エンジン。(EdF)

69年のルマンに出場した2台のA220。前がコルタンツ／ヴィナティエ組の“1737”、後ろがテリエ／ニコラ組の“1731”。
前側のマシーンはラジエターを最後尾に移した新型、後方は68年仕様である。(EdF)

ユ組が4分22秒1で14位、アンドリュー組が4分28秒1で17位。またレースでは、ジャブイーユ組が序盤から白煙を出してスローダウン、結局ギアボックスのトラブルで早々にリタイアした。2台の新型もタイヤのパンクや電気系のトラブルに見舞われるなど、まったく良いところがなく、コルタンツ組が17位（14周遅れ）、アンドリュー組が21位（17周遅れ）という成績に終わり、1ヵ月後に迫ったルマンの本番に向けて不安を感じさせた。

ルマン24時間
(1969年6月14/15日)

そして迎えたルマン24時間。前年の雪辱を期すアルピーヌは、このレースに前年と同じく4台のA220をエントリーした。ドライバーの顔ぶれとシャシーナンバーは以下のとおり。

㉘コルタンツ／ヴィナティエ組（1737）
㉙ジャブイーユ／ドゥパイエ組（1736）
㉚グランジール／アンドリュー組（1734）
㉛ジャン-リュック・テリエ／ジャン-ピエール・ニコラ組（1731）

このうち、テリエ組（2人とも本業はラリー・ドライバー）以外の3台がラジエターを最後尾に移した新仕様であった。

予選では、コルタンツ組が3分44秒9で18位（3ℓクラスでは12位）、テリエ組が3分45秒0で19位、ジャブイーユ組が3分45秒6で20位、グランジール組が3分47秒2で21位と、4台がきれいにスターティンググリッドに並ぶ格好となった。

しかし、決勝におけるA220はいずれも悲惨な結果をたどる。まず、6時間目、30位以下に沈んでいたグランジール組がヘッドガスケットを吹き抜いて最初に姿を消した。その後は3台が順位は低いながらも走り続けていたが、レースの半分を目前にしたところでコルタンツ組がオイルパイプの破損でリタイアとなった。それから1時間も経たないうちに、4台のA220の中では最も上位につけ、12位を走っていたテリエ組がグランジール組に続いてヘッドガスケットを吹き抜き、リタイア

69年のルマンを走るグランジール／アンドリュー組のA220“1734”。
だが、エンジントラブルのため、出場した4台中最初に姿を消してしまった。（BC）

に追い込まれる。そして2日目の朝6時過ぎ、1台だけ生き残っていたジャブイーユ組もコンロッドを破損して脱落。結局A220は1台も24時間を走り切ることができず、同郷のライバルであるマートラの3台が上位入賞を果たしたのとは何とも対照的な結果となった。

とはいえ、前年に続いてA210が3ℓマシーンの不振の穴を埋めた。4台出場したうち、1台だけ生き残ったセルパッジ／クリスチャン・エスイン組（1005cc）が12位でフィニッシュし、1.15ℓクラスの優勝と性能指数賞の1位を手にしたからである。

ルマンの後、A220はフランス国内の2つのローカルレースに出場し（マシーンは“1731”、ドライバーはヴィナティエ）、7月27日のシャムルッセでは3位、8月17日のノガロでは2位となっている。なお、選手権の最終戦オーストリアには、エントリーしていたものの結局姿を見せなかった。

スポーツカーレースからの撤退

69年のシーズン終了後、レデーレはスポーツカーレースから撤退し、ラリー活動に専念することを発表した。撤退の理由としては、A220の競争力がライバルに比べてあまりに低かったこともあったが、フランス政府からの資金援助がこの年限りで打ち切られたこと、そして選手権の主役が3ℓプロトタイプから、ポルシェ917に代表される5ℓスポーツカーへと移りつつあったことなどが大きかったようである。いずれにしても、A220はこれといった成績を残せないまま、スポーツカーレースの舞台からの退場を余儀なくされた。

といっても、アルピーヌがスポーツカーレースへの挑戦を完全に諦めたという訳ではなかった。その4年後、2ℓのV6エンジンという新しい武器を引っさげて再び挑戦を開始するのである。

マートラ　アルピーヌの戦績

以下は1966～74年のマニュファクチュアラーズ・チャンピオンシップに出場したマートラ及びアルピーヌのワークス・マシーンの戦績である。ただし、アルピーヌについては、ページ数の関係から出場台数の多い小排気量マシーンは割愛し、3ℓモデルに限定させてもらった。表記は、順位■車番■ドライバー名■マシーン名■出場クラス■クラス順位またはリタイア理由■周回数■予選順位（予選タイム）。表記内の略称は、Rはリタイア、DNCは周回数不足で完走とは認められず、PPはポールポジション、Pはプロトタイプ、Sはスポーツカー、GTはグランドツーリングカー、Tはツーリングカー、出場クラスの数値は排気量（ℓ単位）、+は以上を表わす。

順位	車番	ドライバー名	マシーン名	出場クラス	クラス順位またはリタイア理由	周回数	予選順位（予選タイム）
1966年							
●モンザ1000km（1966年4月25日）							
1位	14	J.サーティーズ／M.パークス	フェラーリ330P3	P+3.0	1位	100周	PP（2分58秒1）
2位	5	J.ウィットモア／M.グレゴリー	フォードGT40	S+3.0	1位	99周	3位（3分08秒9）
3位	9	W.メレス／H.ミューラー	フォードGT40	S+3.0	2位	98周	7位（3分13秒0）
4位	28	H.ヘルマン／G.ミッター	ポルシェ906	P2.0	1位	98周	9位（3分13秒1）
5位	30	J.シフェール／C.ボーゲル	ポルシェ906	P2.0	2位	96周	11位（3分13秒4）
6位	6	G.リジェ／H.グレーダー	フォードGT40	S+3.0	3位	95周	17位（3分26秒1）
DNC	27	J.セルヴォツ-ギャバン／J-P.ジョッソー	マートラMS620（01）	P2.0		不明	14位（3分20秒2）
●スパ・フランコルシャン1000km（1966年5月22日）							
1位	1	M.パークス／L.スカルフィオッティ	フェラーリ330P3	P+2.0	1位	71周	PP（3分47秒4）
2位	4	J.ウィットモア／F.ガードナー	フォードGT・MKⅡ	P+2.0	2位	70周	2位（3分50秒7）
3位	42	S.スコット／P.レヴソン	フォードGT40	S+2.0	1位	69周	3位（3分53秒1）
4位	40	P.サトクリフ／B.レッドマン	フォードGT40	S+2.0	2位	68周	7位（4分01秒8）
5位	44	C.エイモン／I.アイアランド	フォードGT40	S+2.0	3位	67周	5位（3分58秒2）
6位	12	R.アトウッド／J.グーシェ	フェラーリ・ディーノ206S	P2.0	1位	67周	12位（4分07秒3）
R	25	J.セルヴォツ-ギャバン／A.リース	マートラMS620（01）	P2.0	燃料系統	不明	16位（4分14秒6）
●ルマン24時間（1966年6月18～19日）							
1位	2	B.マクラーレン／C.エイモン	フォードGT・MKⅡ	P+2.0	1位	360周	4位（3分32秒6）
2位	1	K.マイルズ／D.ハルム	フォードGT・MKⅡ	P+2.0	2位	360周	2位（3分31秒7）
3位	5	R.バックナム／D.ハッチャーソン	フォードGT・MKⅡ	P+2.0	3位	348周	9位（3分34秒6）
4位	30	J.シフェール／C.デイヴィス	ポルシェ906LH	P2.0	1位	339周	22位（3分51秒0）
5位	31	H.ヘルマン／H.リンゲ	ポルシェ906LH	P2.0	2位	338周	23位（3分52秒2）
6位	32	P.D.クラーク／U.シュッツ	ポルシェ906LH	P2.0	3位	337周	31位（4分02秒5）
R	41	J-P.ベルトワーズ／J.セルヴォツ-ギャバン	マートラMS620（04）	P2.0	ギアボックス	112周	26位（3分54秒9）
R	42	J.シュレッサー／A.リース	マートラMS620（03）	P2.0	事故	100周	25位（3分53秒5）
R	43	J-P.ジョッソー／H.ペスカローロ	マートラMS620（02）	P2.0	エンジン	38周	34位（4分07秒2）
1967年							
●ルマン24時間（1967年6月10～11日）							
1位	1	D.ガーニー／A.J.フォイト	フォードGT・MKⅣ	P+5.0	1位	388周	9位（3分29秒8）
2位	21	M.パークス／L.スカルフィオッティ	フェラーリ330P4	P5.0	1位	384周	7位（3分28秒9）
3位	24	W.メレス／J.ビュアリス	フェラーリ330P4	P5.0	2位	377周	10位（3分30秒9）
4位	2	B.マクラーレン／M.ドナヒュー	フォードGT・MKⅣ	P+5.0	2位	359周	PP（3分24秒4）
5位	41	J.シフェール／H.ヘルマン	ポルシェ907	P2.0	1位	358周	21位（3分41秒6）
6位	38	R.シュトメレン／J.ニーアパッシュ	ポルシェ910	P2.0	2位	351周	29位（3分54秒0）
R	29	J-P.ベルトワーズ／J.セルヴォツ-ギャバン	マートラMS630（03）	P2.0	エンジン	155周	26位（3分50秒6）
R	30	H.ペスカローロ／J-P.ジョッソー	マートラMS630（02）	P2.0	ボディ	35周	27位（3分51秒0）
1968年							
●セブリング12時間（3月23日）							
1位	49	J.シフェール／H.ヘルマン	ポルシェ907	P3.0	1位	227周	PP（2分49秒4）
2位	51	V.エルフォード／J.ニーアパッシュ	ポルシェ907	P3.0	2位	226周	6位（2分51秒4）
3位	15	M.ドナヒュー／C.フィッシャー	シヴォレー・カマロ	TA5.0	1位	221周	13位（3分01秒2）
4位	16	J.ウェルチ／B.ジョンソン	シヴォレー・カマロ	TA5.0	2位	217周	17位（3分02秒7）
5位	31	J.タイタス／R.バックナム	フォード・マスタング	TA5.0	3位	217周	16位（3分02秒6）
6位	3	H.シャープ／D.モーガン	シヴォレー・コーヴェット	GT+5.0	1位	208周	27位（3分09秒2）
R	42	M.ビアンキ／H.グランジール	アルピーヌA211（1727）	P3.0	エンジン	39周	12位（3分00秒4）
●モンザ1000km（4月25日）							
1位	40	P.ホーキンス／D.ホッブス	フォードGT40	S5.0	1位	100周	3位（2分59秒7）
2位	3	R.シュトメレン／J.ニーアパッシュ	ポルシェ907	P3.0	1位	100周	7位（3分06秒9）
3位	1	P.ドゥパイエ／A.D.コルタンツ	アルピーヌA211（1727）	P3.0	2位	97周	9位（3分10秒7）
4位	19	G.コッホ／R.リンス	ポルシェ910	P2.0	1位	95周	14位（3分16秒4）
5位	14	A.ニコデミ／C.ファセッティ	ポルシェ910	P2.0	2位	94周	11位（3分12秒5）
6位	9	A.ウィッキー／J-P.アンリュー	ポルシェ910	P2.0	3位	92周	19位（3分20秒7）
DNC	2	M.ビアンキ／H.グランジール	アルピーヌA220（1730）	P3.0		40周	8位（3分09秒6）
●ニュルブルクリング1000km（5月19日）							
1位	2	J.シフェール／V.エルフォード	ポルシェ908	P3.0	1位	44周	27位（9分35秒9）
2位	3	H.ヘルマン／R.シュトメレン	ポルシェ907	P3.0	2位	44周	PP（8分32秒8）
3位	65	J.イクス／P.ホーキンス	フォードGT40	S5.0	1位	44周	2位（8分37秒4）
4位	4	J.ニーアパッシュ／J.ブゼッタ	ポルシェ907	P3.0	3位	44周	6位（8分52秒1）
5位	16	N.ギャリ／I.ギュンティ	アルファ・ロメオT33/2	P2.0	1位	43周	8位（8分56秒2）
6位	66	D.ホッブス／B.レッドマン	フォードGT40	S5.0	2位	43周	10位（9分03秒7）
9位	10	P.ドゥパイエ／G.ラルース	アルピーヌA211（1727）	P3.0	5位	41周	21位（9分27秒6）
●スパ・フランコルシャン1000km（5月26日）							
1位	33	J.イクス／B.レッドマン	フォードGT40	S5.0	1位	71周	2位（3分40秒3）
2位	4	G.ミッター／J.シュレッサー	ポルシェ907	P3.0	1位	70周	6位（3分48秒7）
3位	5	H.ヘルマン／R.シュトメレン	ポルシェ908	P3.0	2位	69周	5位（3分45秒7）
4位	34	P.ホーキンス／D.ホッブス	フォードGT40	S5.0	2位	67周	8位（3分50秒9）
5位	12	G.コッホ／R.リンス	ポルシェ910	P2.0	1位	67周	10位（3分59秒1）

順位	車番	ドライバー名	マシーン名	出場クラス	クラス順位または リタイア理由	周回数	予選順位（予選タイム）
6位	11	D.スポエリー／R.シュタイネマン	ポルシェ910	P2.0	2位	66周	15位（4分04秒4）
13位	1	M.ビアンキ／H.グランジール	アルピーヌA211(1727)	P3.0	3位	57周	17位（4分05秒9）
R	3	H.ペスカロロ／R.ミュゼー	マートラMS630M(03)	P3.0	電気系統	1周	7位（3分48秒9）

●オーストリア500km（8月25日）

順位	車番	ドライバー名	マシーン名	出場クラス	クラス順位または リタイア理由	周回数	予選順位（予選タイム）
1位	1	J.シフェール	ポルシェ908	P3.0	1位	157周	PP（1分04秒86）
2位	3	H.ヘルマン／K.アーレンス	ポルシェ908	P3.0	2位	157周	3位（1分05秒73）
3位	20	P.ホーキンス	フォードGT40	S5.0	1位	152周	6位（1分07秒00）
4位	6	T.ピレット	アルファ・ロメオT33/2.5	P3.0	3位	152周	7位（1分07秒34）
5位	10	W.カウーゼン／K.V.ヴェント	ポルシェ910	P2.0	1位	147周	12位（1分09秒64）
6位	9	D.スポエリー／R.シュトメレン	ポルシェ910	P2.0	2位	146周	11位（1分09秒52）
R	5	M.ビアンキ／A.D.コルタンツ	アルピーヌA220(1731)	P3.0	オイルタンク	27周	4位（1分06秒62）

●ルマン24時間（9月28～29日）

順位	車番	ドライバー名	マシーン名	出場クラス	クラス順位または リタイア理由	周回数	予選順位（予選タイム）
1位	9	P.ロドリゲス／L.ビアンキ	フォードGT40	S5.0	1位	331周	4位（3分39秒8）
2位	66	D.スポエリー／R.シュタイネマン	ポルシェ907	P3.0	1位	326周	22位（3分57秒4）
3位	33	R.シュトメレン／J.ニーアパッシュ	ポルシェ908	P3.0	2位	325周	2位（3分35秒8）
4位	39	I.ギュンティ／N.ギャリ	アルファ・ロメオT33/2	P2.0	1位	322周	17位（3分54秒1）
5位	38	C.ファセッティ／S.ディーニ	アルファ・ロメオT33/2	P2.0	2位	315周	21位（3分57秒0）
6位	40	M.カゾーニ／G.ビスカルディ	アルファ・ロメオT33/2	P2.0	3位	305周	23位（3分57秒4）
8位	30	A.D.コルタンツ／H.ミューラー	アルピーヌA220(1734)	P3.0	4位	297周	15位（3分53秒7）
R	24	H.ペスカロロ／J.セルヴォツ・ギャバン	マートラMS630M(03)	P3.0	事故	283周	5位（3分41秒9）
R	27	M.ビアンキ／P.ドゥバイエ	アルピーヌA220(1732)	P3.0	事故	257周	8位（3分43秒4）
R	29	J.グーシェ／J-P.ジャブイーユ	アルピーヌA220(1731)	P3.0	電気系統	185周	18位（3分54秒9）
R	28	H.グランジール／G.ラルース	アルピーヌA220(1733)	P3.0	事故	59周	11位（3分50秒4）

1969年

●モンザ1000km（1969年4月25日）

順位	車番	ドライバー名	マシーン名	出場クラス	クラス順位または リタイア理由	周回数	予選順位（予選タイム）
1位	1	J.シフェール／B.レッドマン	ポルシェ908	P3.0	1位	100周	2位（2分50秒3）
2位	7	H.ヘルマン／K.アーレンス	ポルシェ908	P3.0	2位	99周	4位（2分51秒9）
3位	10	G.コッホ／H-D.ディヘント	ポルシェ907	P3.0	3位	92周	20位（3分04秒9）
4位	35	H.ケレナース／R.イエスト	フォードGT40	S5.0	1位	92周	18位（3分04秒7）
5位	33	F.ガードナー／A.デ・アダミッチ	ローラT70MK3B	S5.0	2位	92周	10位（2分59秒5）
6位	18	P.ドゥバイエ／J-P.ジャブイーユ	アルピーヌA220	P3.0	4位	91周	12位（3分00秒9）
R	3	J.セルヴォツ・ギャバン／J.グーシェ	マートラMS630/650(03)	P3.0	エンジン	61周	5位（2分53秒0）
R	16	A.D.コルタンツ／J.ヴィナティエ	アルピーヌA220(1734)	P3.0	エンジン	10周	11位（2分59秒7）

●スパ・フランコルシャン1000km（1969年5月11日）

順位	車番	ドライバー名	マシーン名	出場クラス	クラス順位または リタイア理由	周回数	予選順位（予選タイム）
1位	25	J.シフェール／B.レッドマン	ポルシェ908	P3.0	1位	71周	3位（3分48秒6）
2位	8	P.ロドリゲス／D.パイパー	フェラーリ312P	P3.0	2位	71周	4位（3分56秒3）
3位	10	V.エルフォード／K.アーレンス	ポルシェ908	P3.0	3位	70周	6位（3分59秒1）
4位	11	H.ヘルマン／R.シュトメレン	ポルシェ908	P3.0	4位	67周	7位（4分01秒7）
5位	32	J.ボニエ／H.ミューラー	ローラT70MK3B	S5.0	1位	67周	5位（3分57秒4）
6位	16	T.ピレット／R.スロートマーカー	アルファ・ロメオT33/2.5	P3.0	5位	65周	9位（4分07秒0）
17位	5	A.D.コルタンツ／J.ヴィナティエ	アルピーヌA220(1734)	P3.0	7位	57周	10位（4分12秒5）
21位	4	J-C.アンドリュー／G.V.レネップ	アルピーヌA220(1736)	P3.0	8位	54周	17位（4分28秒1）
R	3	J-P.ジャブイーユ／H.グランジール	アルピーヌA220(1731)	P3.0	ギアボックス	不明	14位（4分22秒1）

●ルマン24時間（1969年6月14～15日）

順位	車番	ドライバー名	マシーン名	出場クラス	クラス順位または リタイア理由	周回数	予選順位（予選タイム）
1位	6	J.イクス／J.オリヴァー	フォードGT40	S5.0	1位	372周	13位（3分37秒5）
2位	64	H.ヘルマン／G.ラルース	ポルシェ908	P3.0	1位	372周	6位（3分35秒6）
3位	7	D.ホップス／M.ヘイルウッド	フォードGT40	S5.0	2位	368周	14位（3分39秒6）
4位	33	P.カレッジ／J-P.ベルトワーズ	マートラMS650(01)	P3.0	2位	368周	12位（3分37秒5）
5位	32	J.グーシェ／N.ヴァッカレラ	マートラMS630M(04)	P3.0	3位	359周	17位（3分44秒6）
6位	68	H.ケレナース／R.イエスト	フォードGT40	S5.0	3位	341周	22位（3分51秒1）
7位	35	N.ギャリ／R.ウィドウズ	マートラMS630/650(02)	P3.0	4位	330周	16位（3分43秒8）
R	29	J-P.ジャブイーユ／P.ドゥバイエ	アルピーヌA220(1736)	P3.0	コンロッド	209周	20位（3分45秒6）
R	31	J-L.テリエ／J-P.ニコラ	アルピーヌA220(1731)	P3.0	エンジン	160周	19位（3分47秒1）
R	34	J.セルヴォツ・ギャバン／H.ミューラー	マートラMS630/650(03)	P3.0	電気系	158周	11位（3分36秒4）
R	28	A.D.コルタンツ／J.ヴィナティエ	アルピーヌA220(1737)	P3.0	オイルパイプ	133周	18位（3分44秒9）
R	30	H.グランジール／J-C.アンドリュー	アルピーヌA220(1734)	P3.0	エンジン	48周	21位（3分47秒2）

●ワトキンズ・グレン6時間（1969年7月12日）

順位	車番	ドライバー名	マシーン名	出場クラス	クラス順位または リタイア理由	周回数	予選順位（予選タイム）
1位	1	J.シフェール／B.レッドマン	ポルシェ908/02	P3.0	1位	291周	PP（1分08秒47）
2位	4	V.エルフォード／R.アトウッド	ポルシェ908/02	P3.0	2位	291周	3位（1分10秒26）
3位	2	J.ブゼッタ／L.リンス	ポルシェ908/02	P3.0	3位	282周	6位（1分11秒62）
4位	9	J.セルヴォツ・ギャバン／P.ロドリゲス	マートラMS650(01)	P3.0	4位	267周	2位（1分09秒23）
5位	7	H.ケレナース／R.イエスト	フォードGT40	S5.0	1位	265周	8位（1分14秒35）
6位	12	F.ベイカー／D.スマザーズ	ポルシェ906	P2.0	1位	257周	9位（1分17秒77）
R		J.グーシェ／R.ウィドウズ	マートラMS630/650(02)	P3.0	クラッチ	156周	7位（1分11秒86）

●オーストリア1000km（1969年8月10日）

順位	車番	ドライバー名	マシーン名	出場クラス	クラス順位または リタイア理由	周回数	予選順位（予選タイム）
1位	29	J.シフェール／K.アーレンス	ポルシェ917	S5.0	1位	170周	4位（1分48秒4）
2位	33	J.ボニエ／H.ミューラー	ローラT70MK3B	S5.0	2位	170周	2位（1分48秒2）
3位	30	R.アトウッド／B.レッドマン	ポルシェ917	S5.0	3位	169周	6位（1分49秒0）
4位	11	M.グレゴリー／H.ブロストローム	ポルシェ908/02	P3.0	1位	168周	7位（1分52秒0）
5位	41	W.カウーゼン／K.V.ヴェント	ポルシェ908/02	P3.0	2位	168周	11位（1分53秒7）
6位	5	J.ノイハウス／D.フリードリッヒ	ポルシェ908/02	P3.0	3位	166周	12位（1分54秒2）
R	42	J.セルヴォツ・ギャバン／P.ロドリゲス	マートラMS650(01)	P3.0	事故	109周	3位（1分48秒4）

1970年

●デイトナ24時間（1970年1月31日～2月1日）

順位	車番	ドライバー名	マシーン名	出場クラス	クラス順位またはリタイア理由	周回数	予選順位(予選タイム)
1位	2	P.ロドリゲス／L.キニューネン	ポルシェ917K	S	1位	724周	3位（1分55秒8）
2位	1	J.シフェール／B.レッドマン	ポルシェ917K	S	2位	679周	2位（1分52秒9）
3位	28	M.アンドレッティ／A.メルツァリオ／J.イクス	フェラーリ512S	S	3位	676周	PP（1分51秒6）
4位	24	S.ポージー／M.パークス	フェラーリ312P	P	1位	647周	9位（2分02秒4）
5位	23	T.アダモウィッツ／D.バイパー	フェラーリ312P	P	2位	632周	13位（2分06秒0）
6位	7	J.トンプソン／J.マーラー	シヴォレー・コーヴェット	GT+2.0	1位	608周	11位（2分04秒4）
10位	33	J.ブラバム／F.セヴェール	マートラ・シムカMS650(01)	P	4位	565周	7位（1分58秒7）
18位	34	J-P.ベルトワーズ／H.ペスカローロ	マートラ・シムカMS650(02)	P	5位	509周	14位（2分05秒3）

●セブリング12時間（1970年3月21日）

順位	車番	ドライバー名	マシーン名	出場クラス	クラス順位またはリタイア理由	周回数	予選順位(予選タイム)
1位	21	M.アンドレッティ／N.ヴァッカレラ／I.ギュンティ	フェラーリ512S	S5.0	1位	248周	7位（2分36秒6）
2位	48	P.レヴソン／S.マックイーン	ポルシェ908/02	P3.0	1位	248周	15位（2分42秒75）
3位	33	M.グレゴリー／T.ヘゼマンズ	アルファ・ロメオT33/3	P3.0	2位	247周	13位（2分41秒37）
4位	15	P.ロドリゲス／L.キニューネン／J.シフェール	ポルシェ917K	S5.0	2位	244周	5位（2分36秒31）
5位	34	H.ペスカローロ／J.セルヴォツ・ギャバン	マートラ・シムカMS650(01)	P3.0	3位	242周	10位（2分39秒50）
6位	22	M.パークス／C.パーソンズ	フェラーリ312P	P3.0	4位	240周	14位（2分42秒19）
12位	35	D.ガーニー／F.セヴェール	マートラ・シムカMS650(02)	P3.0	8位	213周	8位（2分37秒44）

●BOAC1000km（1970年4月12日）

順位	車番	ドライバー名	マシーン名	出場クラス	クラス順位またはリタイア理由	周回数	予選順位(予選タイム)
1位	10	P.ロドリゲス／L.キニューネン	ポルシェ917K	S5.0	1位	235周	7位（1分30秒0）
2位	11	V.エルフォード／D.ハルム	ポルシェ917K	S5.0	2位	230周	3位（1分28秒8）
3位	12	ト.ヘルマン／R.アトウッド	ポルシェ917K	S5.0	3位	227周	9位（1分30秒4）
4位	57	G.ヴァン・レネップ／H.レイネ	ポルシェ908/02	P3.0	1位	227周	10位（1分30秒8）
5位	2	C.エイモン／A.メルツァリオ	フェラーリ512S	S5.0	4位	225周	PP（1分28秒6）
6位	56	G.ラルース／G.コッホ	ポルシェ908/02	P3.0	2位	217周	21位（1分36秒8）
12位	51	J-P.ベルトワーズ／J.ブラバム	マートラ・シムカMS650(03)	P3.0	4位	201周	4位（1分29秒0）
R	52	H.ペスカローロ／J.セルヴォツ・ギャバン	マートラ・シムカMS650(01)	P3.0	エンジン	161周	6位（1分29秒8）

●モンザ1000km（1970年4月25日）

順位	車番	ドライバー名	マシーン名	出場クラス	クラス順位またはリタイア理由	周回数	予選順位(予選タイム)
1位	7	P.ロドリゲス／L.キニューネン	ポルシェ917K	S5.0	1位	174周	5位（1分26秒36）
2位	3	N.ヴァッカレラ／I.ギュンティ	フェラーリ512S	S5.0	2位	174周	4位（1分26秒19）
3位	2	J.サーティーズ／P.シェッティ	フェラーリ512S	S5.0	3位	171周	6位（1分26秒69）
4位	1	C.エイモン／A.メルツァリオ	フェラーリ512S	S5.0	4位	171周	2位（1分25秒78）
5位	36	J-P.ベルトワーズ／J.ブラバム	マートラ・シムカMS650(03)	P3.0	1位	169周	13位（1分28秒60）
6位	37	H.ペスカローロ／J.セルヴォツ・ギャバン	マートラ・シムカMS650(02)	P3.0	2位	169周	12位（1分28秒34）

●ルマン24時間（1970年6月14〜15日）

順位	車番	ドライバー名	マシーン名	出場クラス	クラス順位またはリタイア理由	周回数	予選順位(予選タイム)
1位	23	H.ヘルマン／R.アトウッド	ポルシェ917K	S5.0	1位	343周	15位（3分32秒6）
2位	3	G.ラルース／W.カウーゼン	ポルシェ917LH	S5.0	2位	338周	12位（3分30秒8）
3位	27	R.リンス／H.マルコ	ポルシェ908/02	P3.0	1位	335周	22位（3分38秒9）
4位	11	S.ポージー／R.バックナム	フェラーリ512S	S5.0	2位	313周	13位（3分31秒4）
5位	12	H.デ・フィアラント／A.ウォーカー	フェラーリ512S	S5.0	4位	305周	25位（3分40秒4）
6位	40	C.バロ・レナ／G.シャスイーユ	ポルシェ914/6	GT2.0	1位	285周	45位（4分30秒0）
R	31	J-P.ベルトワーズ／H.ペスカローロ	マートラ・シムカMS660(02)	P3.0	エンジン	79周	21位（3分32秒6）
R	32	J.ブラバム／F.セヴェール	マートラ・シムカMS650(02)	P3.0	エンジン?	76周	14位（3分32秒6）
R	30	J-P.ジャブイーユ／J.ドゥパイエ	マートラ・シムカMS650(03)	P3.0	エンジン?	70周	20位（3分36秒3）

1971年

●ブエノスアイレス1000km（1971年1月10日）

順位	車番	ドライバー名	マシーン名	出場クラス	クラス順位またはリタイア理由	周回数	予選順位(予選タイム)
1位	30	J.シフェール／D.ベル	ポルシェ917K	S	1位	165周	3位（1分53秒40）
2位	32	P.ロドリゲス／J.オリヴァー	ポルシェ917K	S	2位	164周	PP（1分52秒70）
3位	14	R.シュトメレン／N.ギャリ	アルファ・ロメオT33/3	P3.0	1位	163周	7位（1分55秒57）
4位	16	A.デ・アダミッチ／H.ペスカローロ	アルファ・ロメオT33/3	P3.0	2位	161周	5位（1分54秒43）
5位	20	J.ユンカデラ／C.パイレッティ	フェラーリ512S	S	3位	155周	12位（1分56秒87）
6位	18	H.デ・フェアラント／G.ゲスラン	フェラーリ512S	S	4位	153周	16位（2分01秒2）
R	26	J-P.ベルトワーズ／J-P.ジャブイーユ	マートラ・シムカMS660(02)	P3.0	事故	36周	6位（1分54秒65）

●ルマン24時間（1971年6月12〜13日）

順位	車番	ドライバー名	マシーン名	出場クラス	クラス順位またはリタイア理由	周回数	予選順位(予選タイム)
1位	22	H.マルコ／G.ヴァン・レネップ	ポルシェ917K	S5.0	1位	397周	5位（3分18秒7）
2位	19	R.アトウッド／H.ミューラー	ポルシェ917K	S5.0	2位	395周	11位（3分22秒2）
3位	12	S.ポージー／T.アダモウィッツ	フェラーリ512M	S5.0	3位	366周	12位（3分26秒5）
4位	16	C.クラフト／D.ウィア	フェラーリ512M	S5.0	4位	355周	9位（3分21秒3）
5位	58	B.グロスマン／L.キネッティJr	フェラーリ365GTB/4	S5.0	5位	314周	33位（4分21秒3）
6位	63	R.トゥアウル／A.アンセルメ	ポルシェ911S	GT+2.0	1位	306周	40位（4分25秒3）
R	32	J-P.ベルトワーズ／C.エイモン	マートラ・シムカMS660(01)	P3.0	エンジン	不明	16位（3分31秒9）

1972年

●ルマン24時間（1972年6月10〜11日）

順位	車番	ドライバー名	マシーン名	出場クラス	クラス順位またはリタイア理由	周回数	予選順位(予選タイム)
1位	15	H.ペスカローロ／G.ヒル	マートラ・シムカMS670(01)	S3.0	1位	344周	2位（3分44秒0）
2位	14	F.セヴェール／H.ギャンレー	マートラ・シムカMS670(02)	S3.0	2位	334周	PP（3分42秒2）
3位	60	R.イエスト／M.カゾーニ／M.ウェーバー	ポルシェ908	S3.0	3位	325周	10位（4分03秒3）
4位	18	A.D.アダミッチ／N.ヴァッカレラ	アルファ・ロメオ33TT3	S3.0	4位	307周	7位（3分52秒6）
5位	39	J-C.アンドリュー／C.バロレナ	フェラーリ365GTB/4	S3.0	5位	306周	28位（4分25秒4）
6位	74	S.ポージー／T.アダモウィッツ	フェラーリ365GTB/4	GT+2.5	1位	304周	22位（4分23秒1）
R	16	J-P.ジャブイーユ／D.ホッブス	マートラ・シムカMS660C(03)	S3.0	クラッチ	313周	8位（3分52秒2）
R	12	J-P.ベルトワーズ／C.エイモン	マートラ・シムカMS670(03)	S3.0	エンジン	2周	3位（3分46秒6）

1973年

●デイトナ24時間（1973年2月3〜4日）

順位	車番	ドライバー名	マシーン名	出場クラス	クラス順位またはリタイア理由	周回数	予選順位(予選タイム)
1位	59	H.グレッグ／G.ヘイウッド	ポルシェ・カレラRSR	S3.0	1位	670周	8位（2分02秒156）
2位	22	F.ミゴール／M.ミンター	フェラーリ365GTB/4	GT+2.0	1位	648周	25位（2分07秒921）

順位	車番	ドライバー名	マシーン名	出場クラス	クラス順位または リタイア理由	周回数	予選順位(予選タイム)
3位	5	D.ハインツ／B.マクルーア／D.イングリッシュ	シヴォレー・コーヴェット	GT+2.0	2位	642周	13位 (2分03秒186)
4位	77	G.ストーン／B.ジェニングス／M.ダウンズ	ポルシェ911S	GT+2.0	3位	638周	32位 (2分10秒419)
5位	21	L.キネッティJr／B.グロスマン／W.ショーJr	フェラーリ365GTB/4	GT+2.0	4位	632周	17位 (2分05秒408)
6位	54	J.フィッツパトリック／E.クレマー／P.ケラー	ポルシェ911S	GT+2.0	5位	620周	23位 (2分07秒812)
R	3	J.-P.ベルトワーズ／F.セヴェール／H.ペスカローロ	マートラ・シムカMS670(02)	S3.0	エンジン	267周	2位 (1分47秒542)

●ヴァレルンガ6時間 (1973年3月25日)

順位	車番	ドライバー名	マシーン名	出場クラス	クラス順位またはリタイア理由	周回数	予選順位(予選タイム)
1位	5	H.ペスカローロ／G.ラルース／F.セヴェール	マートラ・シムカMS670(02)	S3.0	1位	290周	3位 (1分10秒23)
2位	3	T.シェンケン／C.ロイテマン	フェラーリ312PB	S3.0	2位	290周	5位 (1分10秒82)
3位	1	J.イクス／B.レッドマン	フェラーリ312PB	S3.0	3位	289周	2位 (1分10秒02)
4位	2	A.メルツァリオ／C.パーチェ	フェラーリ312PB	S3.0	4位	288周	4位 (1分10秒28)
5位	12	M.イエスト／M.カゾーニ	ポルシェ908/03	S3.0	5位	272周	9位 (1分13秒18)
6位	25	R.ウィッセル／J.-L.ラフォース	ローラT282	S3.0	6位	268周	8位 (1分12秒71)
R	4	J.-P.ベルトワーズ／F.セヴェール	マートラ・シムカMS670(03)	S3.0	エンジン	155周	PP (1分08秒55)

●ディジョン1000km (1973年4月15日)

順位	車番	ドライバー名	マシーン名	出場クラス	クラス順位	周回数	予選順位(予選タイム)
1位	2	H.ペスカローロ／G.ラルース	マートラ・シムカMS670(02)	S3.0	1位	312周	2位 (59秒9)
2位	3	J.イクス／B.レッドマン	フェラーリ312PB	S3.0	2位	311周	5位 (1分01秒0)
3位	1	J.-P.ベルトワーズ／F.セヴェール	マートラ・シムカMS670(03)	S3.0	3位	308周	PP (59秒4)
4位	4	C.パーチェ／A.メルツァリオ	フェラーリ312PB	S3.0	4位	308周	4位 (1分01秒0)
5位	5	L.キニューネン／V.シュッパン	ミラージュM6	S3.0	5位	303周	4位 (1分00秒5)
6位	10	R.ウィッセル／J.-L.ラフォース	ローラT282	S3.0	6位	290周	8位 (1分02秒6)

●モンザ1000km (1973年4月25日)

順位	車番	ドライバー名	マシーン名	出場クラス	クラス順位	周回数	予選順位(予選タイム)
1位	1	J.イクス／B.レッドマン	フェラーリ312PB	S3.0	1位	174周	2位 (1分21秒80)
2位	3	C.ロイテマン／T.シェンケン	フェラーリ312PB	S3.0	2位	171周	4位 (1分22秒65)
3位	6	H.ペスカローロ／G.ラルース	マートラ・シムカMS670(01)	S3.0	3位	164周	3位 (1分22秒26)
4位	24	"ブーキー"／G.ガリアルディ	ローラT290	S2.0	1位	150周	30位 (1分39秒17)
5位	16	"パム"／C.ファセッティ	アルファ・ロメオ33TT3	S3.0	4位	149周	9位 (1分27秒03)
6位	25	G.ショーン／"パル・ジョー"	ローラT290	S2.0	2位	145周	19位 (1分36秒57)
11位	7	J.-P.ベルトワーズ／F.セヴェール	マートラ・シムカMS670(03)	S3.0	5位	134周	PP (1分21秒13)

●スパ・フランコルシャン1000km (1973年5月6日)

順位	車番	ドライバー名	マシーン名	出場クラス	クラス順位またはリタイア理由	周回数	予選順位(予選タイム)
1位	5	D.ベル／M.ヘイルウッド	ミラージュM6	S3.0	1位	71周	5位 (3分17秒6)
2位	6	H.ガンレイ／V.シュッパン	ミラージュM6	S3.0	2位	69周	4位 (3分16秒2)
3位	4	H.ペスカローロ／G.ラルース／C.エイモン	マートラ・シムカMS670(01)	S3.0	3位	68周	2位 (3分13秒6)
4位	2	C.パーチェ／A.メルツァリオ	フェラーリ312PB	S3.0	4位	67周	3位 (3分15秒4)
5位	41	G.ヴァン・レネップ／H.ミューラー	ポルシェ・カレラRSR	S3.0	5位	63周	13位 (3分53秒6)
6位	66	C.サントス／C.メンドーサ	ローラT292	S2.0	1位	62周	19位 (4分00秒7)
R	3	C.エイモン／G.ヒル	マートラ・シムカMS670(03)	S3.0	エンジン	48周	7位 (3分18秒9)

●ニュルブルクリング1000km (1973年5月27日)

順位	車番	ドライバー名	マシーン名	出場クラス	クラス順位またはリタイア理由	周回数	予選順位(予選タイム)
1位	1	J.イクス／B.レッドマン	フェラーリ312PB	S3.0	1位	44周	2位 (7分15秒5)
2位	2	C.パーチェ／A.メルツァリオ	フェラーリ312PB	S3.0	2位	44周	5位 (7分21秒7)
3位	19	J.バートン／J.ブリッジス	シェブロンB23	S2.0	1位	40周	8位 (7分56秒1)
4位	3	C.アルディ／B.シェネヴィエ	ポルシェ908/03	S3.0	3位	40周	21位 (8分31秒2)
5位	6	G.ヴァン・レネップ／H.ミューラー	ポルシェ・カレラRSR	S3.0	4位	40周	15位 (8分02秒6)
6位	76	J.フィッツパトリック／G.ビレル	フォード・カプリRS	T3.0	1位	39周	18位 (8分28秒7)
R	4	J.-P.ベルトワーズ／F.セヴェール	マートラ・シムカMS670(03)	S3.0	エンジン	12周	PP (7分12秒8)
R	5	H.ペスカローロ／G.ラルース	マートラ・シムカMS670(01)	S3.0	エンジン	1周	4位 (7分19秒9)

●ルマン24時間 (1973年6月9〜10日)

順位	車番	ドライバー名	マシーン名	出場クラス	クラス順位またはリタイア理由	周回数	予選順位(予選タイム)
1位	11	H.ペスカローロ／G.ラルース	マートラ・シムカMS670B(02)	S3.0	1位	356周	4位 (3分41秒8)
2位	16	A.メルツァリオ／C.パーチェ	フェラーリ312PB	S3.0	2位	350周	PP (3分37秒5)
3位	12	J.-P.ジャブイーユ／J.-P.ジョッソー	マートラ・シムカMS670B(01)	S3.0	3位	332周	6位 (3分44秒7)
4位	46	G.V.レネップ／H.ミューラー	ポルシェ・カレラRSR	S3.0	4位	329周	18位 (4分14秒9)
5位	3	J.フェルナンデス／B.シェネヴィエ／F.トレデメール	ポルシェ908/03	S3.0	5位	320周	21位 (4分15秒9)
6位	39	C.バロ-レナ／V.エルフォード	フェラーリ365GTB/4	GT5.0	1位	317周	23位 (4分16秒1)
R	10	J.-P.ベルトワーズ／F.セヴェール	マートラ・シムカMS670B(03)	S3.0	サスペンション	157周	3位 (3分39秒9)
R	14	P.ドゥバイエ／B.ウォレック	マートラ・シムカMS670(02)	S3.0	エンジン	84周	7位 (3分45秒3)

●オーストリア1000km (1973年6月24日)

順位	車番	ドライバー名	マシーン名	出場クラス	クラス順位	周回数	予選順位(予選タイム)
1位	11	H.ペスカローロ／G.ラルース	マートラ・シムカMS670(01)	S3.0	1位	170周	2位 (1分38秒94)
2位	10	J.-P.ベルトワーズ／F.セヴェール	マートラ・シムカMS670(03)	S3.0	2位	170周	PP (1分37秒64)
3位	1	J.イクス／B.レッドマン	フェラーリ312PB	S3.0	3位	169周	3位 (1分39秒64)
4位	6	L.キニューネン／J.ワトソン	ミラージュM6	S3.0	4位	167周	4位 (1分39秒72)
5位	5	D.ベル／H.ガンレー	ミラージュM6	S3.0	5位	166周	6位 (1分40秒54)
6位	2	C.パーチェ／A.メルツァリオ	フェラーリ312PB	S3.0	6位	164周	5位 (1分39秒98)

●ワトキンズ・グレン6時間 (1973年7月21日)

順位	車番	ドライバー名	マシーン名	出場クラス	クラス順位またはリタイア理由	周回数	予選順位(予選タイム)
1位	33	G.ラルース／H.ペスカローロ	マートラ・シムカMS670(03)	S3.0	1位	199周	2位 (1分43秒911)
2位	10	J.イクス／B.レッドマン	フェラーリ312PB	S3.0	2位	197周	5位 (1分45秒469)
3位	11	A.メルツァリオ／C.パーチェ	フェラーリ312PB	S3.0	3位	196周	3位 (1分44秒201)
4位	1	D.ベル／H.ガンレー	ミラージュM6	S3.0	4位	180周	7位 (1分46秒330)
5位	2	M.ヘイルウッド／J.ワトソン	ミラージュM6	S3.0	5位	179周	6位 (1分46秒004)
6位	6	M.ダナヒュー／G.フォルマー	ポルシェ・カレラRSR	S3.0	6位	178周	10位 (1分57秒88)
R	32	J.-P.ベルトワーズ／F.セヴェール	マートラ・シムカMS670B(01)	S3.0	電気系	151周	PP (1分42秒273)

1974年

●モンザ1000km (1974年4月25日)

順位	車番	ドライバー名	マシーン名	出場クラス	クラス順位	周回数	予選順位(予選タイム)
1位	3	A.メルツァリオ／M.アンドレッティ	アルファ・ロメオ33TT12	S3.0	1位	174周	PP (1分28秒28)
2位	4	J.イクス／R.シュトメレン	アルファ・ロメオ33TT12	S3.0	2位	170周	5位 (1分30秒84)
3位	6	A.D.アダミッチ／C.ファチェッティ	アルファ・ロメオ33TT12	S3.0	3位	166周	3位 (1分29秒70)

順位	車番	ドライバー名	マシーン名	出場クラス	クラス順位または リタイア理由	周回数	予選順位（予選タイム）
4位	7	C.ベル／M.ヘイルウッド	ガルフ・ミラージュGR7	S3.0	4位	166周	6位（1分31秒16）
5位	8	G.V.レネップ／H.ミューラー	ポルシェ・カレラ・ターボRSR	S3.0	5位	165周	12位（1分40秒42）
6位	9	P.ピカ／G.ピアンタ	ローラT282	S3.0	6位	161周	7位（1分33秒10）
R	1	J-P.ベルトワーズ／J-P.ジャリエ	マートラ・シムカMS670C(B-04)	S3.0	エンジン	65周	4位（1分29秒80）
R	2	H.ペスカロロ／G.ラルース	マートラ・シムカMS670C(B-03)	S3.0	エンジン	12周	2位（1分29秒20）

●スパ・フランコルシャン1000km（1974年5月5日）

順位	車番	ドライバー名	マシーン名	出場クラス	クラス順位または リタイア理由	周回数	予選順位（予選タイム）
1位	4	J.イクス／J-P.ジャリエ	マートラ・シムカMS670C(B-04)	S3.0	1位	71周	2位（3分24秒9）
2位	5	D.ベル／M.ヘイルウッド	ガルフ・ミラージュGR7	S3.0	2位	71周	PP（3分23秒9）
3位	14	G.V.レネップ／H.ミューラー	ポルシェ・カレラ・ターボRSR	S3.0	3位	66周	6位（3分46秒2）
4位	53	J.フィッツパトリック／J.バルト	ポルシェ・カレラRSR	GT	1位	62周	14位（4分01秒4）
5位	40	C.シュケンタンツ／W.カウーゼン	ポルシェ・カレラRSR	GT	2位	62周	18位（4分08秒4）
6位	41	H.ヘイヤー／P.ケラー	ポルシェ・カレラRSR	GT	3位	62周	19位（4分09秒4）
R	3	H.ペスカロロ／G.ラルース	マートラ・シムカMS670C(B-01)	S3.0	エンジン	6周	3位（3分25秒6）

●ニュルブルクリング1000km（1974年5月19日）

順位	車番	ドライバー名	マシーン名	出場クラス	クラス順位または リタイア理由	周回数	予選順位（予選タイム）
1位	1	J-P.ベルトワーズ／J-P.ジャリエ	マートラ・シムカMS670C(B-04)	S3.0	1位	33周	2位（7分12秒6）
2位	3	R.シュトメレン／C.ロイテマン	アルファ・ロメオ33TT12	S3.0	2位	32周	4位（7分19秒8）
3位	4	A.D.アダミッチ／C.ファチェッティ	アルファ・ロメオ33TT12	S3.0	3位	32周	7位（7分31秒6）
4位	7	J.ハント／V.シュッパン	ガルフ・ミラージュGR7	S3.0	4位	32周	6位（7分25秒6）
5位	2	H.ペスカロロ／G.ラルース	マートラ・シムカMS670C(B-01)	S3.0	5位	31周	PP（7分10秒8）
6位	8	G.V.レネップ／H.ミューラー	ポルシェ・カレラ・ターボRSR	S3.0	6位	30周	12位（7分56秒5）

●イモラ1000km（1974年6月2日）

順位	車番	ドライバー名	マシーン名	出場クラス	クラス順位または リタイア理由	周回数	予選順位（予選タイム）
1位	2	H.ペスカロロ／G.ラルース	マートラ・シムカMS670C(B-01)	S3.0	1位	198周	2位（1分40秒91）
2位	4	R.シュトメレン／C.ロイテマン	アルファ・ロメオ33TT12	S3.0	2位	196周	4位（1分41秒54）
3位	5	A.D.アダミッチ／C.ファチェッティ	アルファ・ロメオ33TT12	S3.0	3位	89周	5位（1分44秒19）
4位	1	J-P.ベルトワーズ／J-P.ジャリエ	マートラ・シムカMS670C(B-04)	S3.0	4位	184周	PP（1分40秒17）
5位	152	H.ヘイヤー／P.ケラー	ポルシェ・カレラRSR	GT	1位	177周	25位（1分57秒25）
6位	144	G.ショーン／G.ボッリ	ポルシェ・カレラRSR	GT	2位	173周	29位（1分58秒21）

●ルマン24時間（1974年6月15〜16日）

順位	車番	ドライバー名	マシーン名	出場クラス	クラス順位または リタイア理由	周回数	予選順位（予選タイム）
1位	7	H.ペスカロロ／G.ラルース	マートラ・シムカMS670B(B-06)	S3.0	1位	338周	PF（3分35秒8）
2位	22	G.V.レネップ／H.ミューラー	ポルシェ・カレラ・ターボRSR	S3.0	2位	332周	7位（3分52秒4）
3位	9	J-P.ジャブイーユ／F.ミゴール	マートラ・シムカMS670B(B-05)	S3.0	3位	322周	6位（3分44秒2）
4位	1	D.ベル／M.ヘイルウッド	ガルフ・ミラージュGR7	S3.0	4位	318周	4位（3分41秒3）
5位	71	C.グランデ／D.バルディーニ	フェラーリ365GTB/4	GT	1位	314周	20位（4分17秒6）
6位	54	D.ハインツ／A.クディーニ	フェラーリ365GTB/4	GT	2位	313周	34位（4分23秒2）
R	8	J-P.ジョッソー／B.ウォレック	マートラ・シムカMS670B(B-02)	S3.0	エンジン	120周	5位（3分41秒8）
R	6	J-P.ベルトワーズ／J-P.ジャリエ	マートラ・シムカMS680B(B-03)	S3.0	エンジン	104周	2位（3分36秒8）

●オーストリア1000km（1974年6月30日）

順位	車番	ドライバー名	マシーン名	出場クラス	クラス順位または リタイア理由	周回数	予選順位（予選タイム）
1位	5	H.ペスカロロ／G.ラルース	マートラ・シムカMS670C(B-01)	S3.0	1位	170周	PP（1分35秒97）
2位	3	A.D.アダミッチ／C.ファチェッティ	アルファ・ロメオ33TT12	S3.0	2位	167周	5位（1分38秒84）
3位	6	J-P.ベルトワーズ／J-P.ジャリエ	マートラ・シムカMS670C(B-04)	S3.0	3位	166周	2位（1分36秒44）
4位	4	D.ベル／M.ヘイルウッド	ガルフ・ミラージュGR7	S3.0	4位	166周	6位（1分38秒85）
5位	1	J.イクス／A.メルツァリオ／V.ブランビラ	アルファ・ロメオ33TT12	S3.0	5位	152周	4位（1分37秒49）
6位	7	G.V.レネップ／H.ミューラー	ポルシェ・カレラ・ターボRSR	S3.0	6位	151周	7位（1分46秒37）

●ワトキンズ・グレン6時間（1974年7月13日）

順位	車番	ドライバー名	マシーン名	出場クラス	クラス順位または リタイア理由	周回数	予選順位（予選タイム）
1位	1	J-P.ベルトワーズ／J-P.ジャリエ	マートラ・シムカMS670C(B-04)	S3.0	1位	193周	2位（1分43秒893）
2位	9	G.V.レネップ／H.ミューラー	ポルシェ・カレラ・ターボRSR	S3.0	2位	184周	4位（1分53秒760）
3位	59	P.グレッグ／H.ヘイウッド	ポルシェ・カレラRSR			176周	6位（1分56秒479）
4位	74	L.ヘイムラス／J.クック	ポルシェ・カレラRSR			172周	15位（2分02秒920）
5位	88	T.デロレンゾ／M.カーター	シヴォレー・カマロ			168周	21位（2分05秒669）
6位	65	J.ビエンヴェニュー／M.ダンコース	ポルシェ・カレラRSR			164周	18位（2分04秒193）
R	2	H.ペスカロロ／G.ラルース	マートラ・シムカMS670C(B-01)	S3.0	ギアボックス	117周	PP（1分43秒698）

●ポールリカール1000km（1974年8月15日）

順位	車番	ドライバー名	マシーン名	出場クラス	クラス順位または リタイア理由	周回数	予選順位（予選タイム）
1位	1	J-P.ベルトワーズ／J-P.ジャリエ	マートラ・シムカMS670C(B-04)	S3.0	1位	130周	PP（1分49秒1）
2位	2	H.ペスカロロ／G.ラルース	マートラ・シムカMS670C(B-01)	S3.0	2位	127周	2位（1分49秒9）
3位	7	D.ベル／J.イクス	ガルフ・ミラージュGR7	S3.0	3位	125周	3位（1分53秒9）
4位	16	R.イエスト／M.カゾーニ	ポルシェ908/03	S3.0	4位	119周	14位（2分01秒6）
5位	17	P.ブランクペイン／K-H.リーマン	ポルシェ908/03	S3.0	5位	114周	20位（2分06秒9）
6位	19	G.シャシーユ／F.ミゴール	リジェJS2	S3.0	6位	114周	17位（2分02秒9）

●ブランズハッチ1000km（1974年9月29日）

順位	車番	ドライバー名	マシーン名	出場クラス	クラス順位または リタイア理由	周回数	予選順位（予選タイム）
1位	1	J-P.ベルトワーズ／J-P.ジャリエ	マートラ・シムカMS670C(B-04)	S3.0	1位	235周	PP（1分23秒3）
2位	2	H.ペスカロロ／G.ラルース	マートラ・シムカMS670C(B-01)	S3.0	2位	235周	2位（1分23秒4）
3位	3	D.ベル／D.ホッブス	ガルフ・ミラージュGR7	S3.0	3位	224周	3位（1分26秒6）
4位	21	P.ゲシン／B.レッドマン	シェヴロンB26	S2.0	1位	219周	4位（1分26秒9）
5位	5	G.V.レネップ／H.ミューラー	ポルシェ・カレラ・ターボRSR	S3.0	4位	219周	10位（1分30秒2）
6位	7	J.バルト／C.アルディ	ポルシェ908/03	S3.0	5位	213周	26位（1分35秒7）

●キャラミ6時間（1974年11月9日）

順位	車番	ドライバー名	マシーン名	出場クラス	クラス順位または リタイア理由	周回数	予選順位（予選タイム）
1位	2	G.ラルース／H.ペスカロロ	マートラ・シムカMS670C(B-01)	S3.0	1位	235周	2位（1分18秒40）
2位	1	J-P.ベルトワーズ／J-P.ジャリエ	マートラ・シムカMS670C(B-04)	S3.0	2位	235周	PP（1分18秒03）
3位	3	D.ベル／D.ホッブス	ガルフ・ミラージュGR7	S3.0	3位	229周	3位（1分19秒65）
4位	10	G.タンマー／J.レップ	シェヴロンB26	S2.0	1位	217周	8位（1分23秒77）
5位	22	J.マス／T.ヘゼマンス	フォード・カプリRS	T		215周	16位（1分27秒35）
6位	20	J.フィッツパトリック／R.シュトメレン／T.シェンケン	ポルシェ・カレラRSR	GT	1位	214周	19位（1分29秒58）

マートラ　主要諸元

年度	1966年	1967年	1968年	1969年	1970年	1972年
型式名	MS620	MS630	MS630M	MS650	MS660	MS670
エンジン型式名	BRM	←	MS9	←	MS12	MS72
エンジン形式	水冷V型8気筒	←	水冷V型12気筒	←	←	←
動弁方式	ギア駆動DOHC2バルブ	←	ギア駆動DOHC4バルブ	←	←	←
ボア・ストローク	71.76×59.18mm	73.3×59.18mm	79.7×50.0mm	←	←	←
総排気量	1915cc	1998cc	2992cc	←	←	←
圧縮比	11.0:1	不明	11.0:1	←	←	←
最高出力	245bhp／9000rpm	260bhp／9000rpm	400bhp／11000rpm	←	430bhp／10500rpm	450bhp／10500rpm
燃料供給方式	ルーカス機械式燃料噴射	←	←	←	←	←
潤滑方式	ドライサンプ	←	←	←	←	←
ギアボックス	ZF・5段＋リバース	←	←	←	←	←
クラッチ	ボーグ&ベック乾式複板	←	←	←	←	←
フレーム	鋼管スペースフレーム	←	←	←	アルミ合金モノコック	←
ボディ	アルミ合金	FRP	←	←	←	←
サスペンション（前）	ダブルウィッシュボーン コイルスプリング／ダンパー アンチロールバー	←	←	←	←	←
サスペンション（後）	上：Iアーム、下：逆Aアーム ツインラジアスアーム コイルスプリング／ダンパー アンチロールバー	←	←	上：Iアーム、 下：パラレルリンク	←	←
ステアリング	ラック&ピニオン	←	←	←	←	←
ホイール	マートラ製 マグネシウム合金	←	←	←	←	
ホイール径	13インチ	15インチ	←	←	←	前：13インチ 後：15インチ
ホイール・リム幅	前：7.5インチ 後：9インチ	前：9インチ 後：12インチ	←	前：10インチ 後：13/15インチ	前：10インチ 後：15/16インチ	前：11インチ 後：15インチ
タイヤ	ダンロップR7	←	←	←	グッドイヤー	←
ブレーキ	4輪ソリッドディスク	←	←	4輪ベンチレーテッドディスク	←	←
全長	4300mm	4280mm	4500mm	4200mm	4240mm	4300mm
全幅	1695mm	不明	1720mm	1900mm	1970mm	2050mm
全高	1060mm	1020mm	←	770mm	←	940mm
ホイールベース	2400mm	←	2457mm	2440mm	2500mm	2558mm
トレッド（前／後）	1400/1400mm	←	1400/1450mm	1440/1440mm	1500/1500mm	1525/1500mm
車重（乾燥）	820kg	725kg	820kg	750kg	685kg	675kg

アルピーヌ　主要諸元

年度	1963年	1966年	1968年
型式名	M63	A210	A220
エンジン型式名	ルノー	←	ゴルディーニ
エンジン形式	水冷直列4気筒	←	水冷V型8気筒
動弁方式	チェーン駆動DOHC 2バルブ	←	←
ボア・ストローク	71.5×62mm	79×75mm	85×66mm
総排気量	996cc	1470cc	2996cc
圧縮比	不明	不明	10.5:1
最高出力	100bhp ／ 7500rpm	156bhp ／ 7000rpm	310bhp ／ 8000rpm
燃料供給方式	ウェーバー・キャブレター	←	←
潤滑方式	←	←	←
ギアボックス	ヒューランド5段＋リバース	ポルシェ5段＋リバース	ZF・5段＋リバース
クラッチ	不明	←	←
フレーム	鋼管スペースフレーム	←	←
ボディ	FRP	←	←
サスペンション（前）	ダブルウィッシュボーン コイルスプリング／ダンパー アンチロールバー	←	←
サスペンション（後）	上：Iアーム、下逆Aアーム ツインラジアスアーム コイルスプリング／ダンパー アンチロールバー	←	←
ステアリング	ラック&ピニオン	←	←
ホイール	マグネシウム合金	←	←
ホイール径	13インチ	前：13インチ、後：15インチ	15インチ
ホイール・リム幅	不明	←	←
タイヤ	ダンロップR7	ミシュラン	←
ブレーキ	4輪ソリッドディスク	←	4輪ベンチレーテッドディスク
全長	不明	4350mm	4640mm
全幅	1630mm	1520mm	1690mm
全高	1230mm	1050mm	990mm
ホイールベース	2300mm	2300mm	←
トレッド（前／後）	1280/1270mm	1270/1270mm	1344/1344mm
車重（乾燥）	620kg	720kg	813kg

あとがき

今回の本の制作にあたっては、これまでの４車種と同じく海外の資料に重点を置いて調査及び執筆の作業を進めたが、困ったのは、マートラ／アルピーヌのどちらも、これまでの４車種に比べて資料の数が絶対的に少ない点、しかもその多くがフランス語で書かれているものであったという点である。特に後者については、筆者はフランス語の読解力にまったく自信がないだけに、これまでの４冊に比べて資料の読み込みという点でかなり不足しているという点は正直に告白しておかなければならない。英語以外の資料への対応という点は、今後の反省材料としたい。

また、前記の理由により、これまでの４車種のように細かな調査が行なえなかった面がある。例えば、現存している台数やその現状については、情報そのものが少なく、あっても断片的なものばかりで、残念ながらきちんとした形でまとめることができなかった。ただ、マートラについては、カラーページに2005年のグッドウッドに登場したマシーンの写真を掲載したが、これらはマートラのミュージアムが所有しているものらしく、興味のある方はホームページ（www.museematra.com）を覗いてみることをお勧めする。

さて、本シリーズではこれまで、次に何を取り上げるかは明らかにしてこなかったが、今回は初めて予告しておきたいと思う。言うまでもなく、アルファ・ロメオである。ただ、今回のマートラ／アルピーヌ、そしてアルファ・ロメオなどは、過去の５車種に比べていささかマイナーな存在であり、これまでの５冊と同じように売れてくれるかについては不安が残る。つまり、アルファ・ロメオ篇を出せるかどうかは、このマートラ／アルピーヌ篇の売れ行きが大きく影響するということであり、改めて読者諸氏の支援をお願いする次第である。
2010年2月

檜垣和夫

2006年7月のルマン・クラシックのパドックに並んだ3台のアルピーヌ（著者撮影）。中央が3ℓマシーンのA220、左右が1.5ℓマシーンのA210。ちなみに、手前のA210は、我が国のアルピーヌ・コレクターとして知られる加藤仁氏所有のマシーンで、氏はこの他にM63も持っておられる。

檜垣和夫

ひがき・かずお

1951年石川県生まれ。1975年北海道大学工学部機械工学科卒。2輪メーカーに10年間勤めた後1985年に独立、現在は自動車関係の著述活動に携わっている。得意とする分野はモータースポーツの歴史及び技術関係。著書として『インディー500』、『ルマン――偉大なる耐久レースの全記録』（以上二玄社）、『F1最新マシンの科学』（講談社、第26回交通図書賞受賞）、『エンジンのABC』（講談社ブルーバックス）など、また訳書として『DFV――奇跡のレーシングエンジン』、『フェラーリ1947−1997（共訳）』、『勝利のエンジン50選（共訳）』（以上二玄社）などがある。

［参考文献］
書名／著者／出版社／出版年度
MATRA au Mans ／ Francois Hurel ／ Editions du Palmier ／ 2004年
MATRA ／ Jose Rosinski ／ E.T.A.I. ／ 1997年
MATRA ／ Gerard Crombac ／ Editions E.P.A ／ 1982年
Champion of the world ／ Edouard Seidler ／ Automobile Year ／ 1970年
ALPINE ／ Christian Descombes ／ Editions E.P.A. ／ 1991年
ALPINE ／ Dominique Pascal ／ Editions E.P.A ／ 1982年
B.R.M Volume.3 ／ Doug Nye ／ MRP Publishing ／ 2008年
Les Gordini ／ Robert Jarraud ／ Editions de l'Automobiliste ／ 1983年
Endurance 50 ans d'histoire Volume 2 ／ Alain Bienvenu ／ E.T.A.I. ／ 2004年
Sports Racing Cars ／ Anthony Pritchard ／ Haynes Publishing ／ 2005年
Prototype 1968-70 ／ Mike Twite ／ Pelham Books Ltd ／ 1969年
Daytona 24 Hours ／ J.J.O'Malley ／ David Bull Publishing ／ 2003年
Sebring ／ Ken Breslauer ／ David Bull Publishing ／ 1995年
1000km di Monza ／ A.Curami/D.Galbiati/L.Ronchi ／ Edizioni del Soncino ／ 1998年
The 10000km of Francorchamps ／ Jacques Ubags ／ Axe Int' Editions ／ 2005年
Targa Florio ／ Pino Fondi ／ Giorgio NADA Editore ／ 2006年
ADAC 1000km Rennen ／ J-T. Fodisch/M. Behrndt ／ Heel Verlag GmbH ／ 2003年
24 Heures Du Mans 1923-1992 ／ C.Moity/J-M.Teissedre/A. Bienvenu ／ Editions D'Art J.P.Barthelemy ／ 1992年
The V12 Engine ／ Karl Ludvigsen ／ Haynes Publishing ／ 2005年
世界の自動車「シムカ、マートラ、アルピーヌ、その他」／大川悠（編著）／二玄社／1971年
Autocourse
Automobile Year

今回は、資料の数が比較的少なく、スペースに余裕があるので、これまでは省略してきた個々のレースに関する資料を参考に挙げておく（ただし、ルマンなどは数が多いので、1レースにつき1冊に限定）。また雑誌関係としては、Autosport、Motorsport、L'automobile historique、CAR GRAPHIC、スーパー CG、オートスポーツなども合わせて参考にさせていただいた。

SPORTSCAR PROFILE SERIES ⑥

マートラ MS620 ／ MS630 ／ MS650 ／ MS660 ／ MS670 ／ MS680
アルピーヌ M63 ／ M64 ／ M65 ／ A210 ／ A220

2010年3月25日　初版発行
著　　者　檜《ひ》垣《がき》和《かず》夫《お》
発 行 者　黒須雪子
発 行 所　株式会社 二玄社
東京都千代田区神田神保町2-2 〒101-8419
営業部:東京都文京区本駒込6-2-1 〒113-0021
電話=(03)5395-0511
ブックデザイン　及川真咲デザイン事務所
印 刷 所　図書印刷株式会社
ISBN978-4-544-40047-2